图解住宅设计材料应用

[日] 主妇之友社 编

杜慧鑫 孙振兴 译

华中科技大学出版社
http://www.hustp.com
中国·武汉

目 录

PART7

包清工和 DIY 的成功要诀

PART 1

客厅、厨房、餐厅
的材质和装修

客厅 的材质和装修

一家人在客厅相处的时间最长，因此在客厅的设计中应选择手感好、看着舒服的材质。
客厅还是招待客人的重要场所，因此建议大家在显眼处使用精致的材质。

坐在放置于墙角的沙发上，透过宽大的玻璃窗可以尽情欣赏四季的变化。一般情况下，卷轴式壁纸很容易结露，但是由于采用了双层玻璃及北方的隔热标准，所以完全不用担心结露问题。在设计中特意不设置底板，使窗户四周更显简洁、利落。

顶棚高大且宽阔，非常舒适
落叶松的纹理自然而优美

材质和装修

地面 / 落叶松木板

墙面 / 壁纸（基层涂饰用），部分采用落叶松三合板（每隔10 cm设一道沟槽）

客厅有一面墙与其他墙材质不同，是在落叶松三合板上每隔10 cm挖一道沟槽，做成壁板状风格。阳光透过其他三个方向的窗户照射进来，可以欣赏到木纹的各种变化。随着岁月的变迁，落叶松墙壁会变成米黄色，散发清新的香气。其他墙壁上都使用了壁纸，由于是纯天然纸，透气性能很好。

【藤本家设计：一级建筑士事务所 M+O】

松木木板墙使人耳目一新

材质和装修

地面 / 松木地板

墙面 / 硅藻泥，部分纵向镶嵌木板（粉刷）

顶棚 / 外露结构材料（粉刷）

屋主夫妻俩很喜欢大海，所以采用触感极佳的松木地板，整个空间给人海滨别墅的感觉。白色墙壁与建筑材料完美搭配，给人清新、明朗的视觉感受。透过客厅的窗户，可以看到邻居家的绿植，为室内增添了灵动的色彩。由于没有放置特别高大的家具，空间显得特别宽敞。
【O 家设计和施工：B'S SUPPLY】

右图 / 通向阁楼的楼梯周围是纵向镶嵌的木板墙，上面喷了漆。屋主特别喜欢罗恩·赫尔曼的内部装修风格，因此在装修设计上参考的就是这个品牌。就连接缝处那几毫米的宽度都有讲究。扶手也是经过多次考虑之后才定下来的。

用做旧的木材和铁杆搭配灰浆墙

材质和装修

地面 / 橡木地板（复古风）

墙面 / 灰浆（留有抹子印），
部分贴花砖

地面使用的是橡木地板，喷过漆后整个房间都弥漫着复古的气息；墙壁上有涂灰浆时留下的印迹；沙发正对面的墙壁用花砖拼贴而成。在简单、大方的彩色玻璃和大照明灯基础上，屋主在设计中又融入了很多自己喜欢的元素。照明灯可以到网上或商店中去寻找合适的。【竹内家设计和施工：WESTBUI】

榻榻米＋硅藻泥＋木材，弥漫着大自然气息的舒适房间

材质和装修

地面 / 橡木地板、
　　　和纸席面的榻榻米

墙面 / 硅藻泥

顶棚 / 椴木三合板

收纳门 / 椴木三合板

木制推拉门可以全部打开，打开后卧室和阳台形成内外一体的开敞空间。为了方便悬挂遮阳篷，设计师特意设置了五金用具。

为了与北侧斜线保持一致，顶棚被设计成倾斜式，采用的是椴木三合板。硅藻泥墙和榻榻米地面简直就是绝佳搭配，会使整个空间显得悠闲、舒适、自在。客厅里，和纸席面的榻榻米不容易滋生螨虫且方便打理。为了便于倚靠，墙面上的收纳门采用非常结实的椴木三合板。靠右边墙的这个 5.4 m 长的桌子非常实用，既可用于收纳，也可以当作电视柜或办公桌。【H 家设计：YURARI ARCHITECTS OFFICE】

用石材和杉木演绎舞台风

材质和装修

地面 / 黄隆石、松木地板

墙面 / 杉木板、硅藻泥

顶棚 / 杉木板

整个二层是一个开放式客厅，只在客厅的一角铺设石材，墙壁和倾斜式顶棚采用的是杉木板。即便是在同一空间，气氛也不同，舒适度瞬间得到了提升。
【森田家设计：PLAN BOX】

灰浆墙打造家庭影院

材质和装修

地面 / 桧木地板（上紫
　　　苏油）

墙面 / 灰浆

顶棚 / 外露式房梁

桧木地板的上油维护工作
是屋主及其家人做的，灰
浆墙也是全家齐上阵，共
同 DIY 的作品。因为使用
的大多是自然原料，所以
大大降低了成本。虽然墙
面很宽阔，但为了不给邻
居家造成心理负担，只在
上方开了一个较小的窗户。
此外，还安装了音响和投
影仪，让墙面瞬间化身成
家庭影院。尤其是在看足
球比赛的时候，非常有代
入感。

【K 家设计：LIFE-LABO 东埼玉】

无包边榻榻米与现代流行元素无缝对接

材质和装修

地面 / 白蜡木三层板、
　　　无包边榻榻米

墙面 / 壁纸（丽彩），部分为
　　　椴木三合板（刷油性
　　　着色剂）

顶棚 / 外露结构

白墙和木材打造出的空间简洁、
大方。榻榻米和黑色隔墙的设
计使空间紧凑又不失时尚感。
当窗户全部打开后，室内和木
制阳台连为一体，那种通透和
舒畅的感觉瞬间充满心底。为
了遮挡外部的视线，设计师将
木制阳台用围墙围了起来，所
以就不需要再安装窗帘。可以
一边享受阳光，一边惬意地欣
赏户外迷人的风景。

【小松家设计：ATELIER HAKO ARCHITECTS】

图 1/ 无论是榻榻米处的吊柜，还是
兼具电视柜功能的收纳台，都非常
典雅、大方。电视背景墙上贴了壁
纸，为空间增加了亮点。图 2/ 排列
整齐的房梁既有承重作用又美观，
同时由于省去了隔墙，空间显得非
常敞亮。

用价格亲民的材质打造高端感

材质和装修

地面 / 柚木地板

墙面 / 壁纸

顶棚 / 三合板（刷油漆）

墙壁选用的白色壁纸简洁大方。在安装时设计师进行了大胆的尝试，特意没有使用底板，不仅使宽度降低，还让空间显得更加简洁。地板选用的材料是柚木地板。根据小畑先生的要求，顶棚采用的是上漆的三合板。客厅的顶棚比较高，使空间显得宽敞、明亮。从高侧窗照射进来的光线在墙壁上投射出梦幻般的光影，看起来就像画廊一样，静谧而优雅。

【小畑家设计：FREEDOM ARCHITECTS】

大胆的色彩搭配打造奢华感

材质和装修

地面 / 橡木地板

墙面 / 壁纸

墙壁上贴了价格比较亲民的壁纸，其中电视背景墙采用的是与其他墙面颜色不同的壁纸。地板使用的材料是橡木板，屋主及其家人一起给地板上了欧诗木硬质蜡油。虽然顶棚不高，但是直通的设计增加了空间的敞亮感。

【M 家设计和搭配：FILE】

长短不一的实木板
更有大自然的感觉

材质和装修

地面 / 橡木地板

墙面 / 灰浆

顶棚 / 柳桉木三合板

灰浆和柳桉木三合板的颜色对比十分鲜明，在室内
形成美丽的光影，看起来既温馨又美好。地板选用
了长短不一的橡木板，很有大自然的感觉。沙发选
用的是汉斯·瓦格纳设计的作品。简单大方的欧美
家具与空间设计毫无违和感。墙柜简洁、大方，与
倾斜式的顶棚完美搭配。

【诸冈家设计：YURARI ARCHITECTS OFFICE】

宽大的松木板搭配灰浆，最大限度地发挥材质的魅力

材质和装修

地面 / 宽大的松木地板、
        赤土色仿古瓷砖

墙面 / 灰浆（混有色粉），
        部分贴木板

顶棚 / 外露式房梁

图 1 / 二层客厅的通顶设计使空间
显得非常敞亮。从天窗照射进来的
阳光反射在灰浆墙上，显得柔和而
又温暖。图 2 / 由于一层空间足够大，
所以在其中一个角落铺设了赤土色
仿古瓷砖，现在这里成了小狗的家。

地面采用舒适的松木地板。随着岁月的流逝，松木会更有魅力，沉淀
的香气也会越来越浓郁，使整个房子都弥漫着恬静的气息。为了营造
出欧美石砌房的氛围，设计师在墙壁上涂上了厚厚的灰浆。混合了冰
激淋色的色粉，让粉刷后的空间看起来非常温馨。通往阁楼的楼梯特
意在中途拐了一个弯，使空间多了一抹灵动的色彩。

【岛田家设计和施工：SALA'S】

图 1/ 客厅与餐厅、厨房之间有一个很大的推拉门。关上客厅的推拉门后，不仅隔热效果良好，而且空间瞬间变成另一种风格。图 2/ 部分空间没有用木板吊顶，二层过道处铺设的杉木板直接裸露在外，兼作顶棚。图 3/ 土间风格的客厅很受孩子们喜爱，孩子们经常在这里开着电动小汽车玩得忘乎所以，下雨天也可以在这里嬉戏、玩耍。沙发是汉斯·瓦格纳的作品，桌子和椅子是丹麦的经典设计。

灰浆地板从水泥地延伸而来
打造土间风格的客厅

材质和装修

地面 / 灰浆、杉木地板

墙面 / 椴木三合板

顶棚 / 外露式房梁、杉木（二层地板）、椴木
三合板

烧柴暖炉 / 高储热型暖炉
（瑞士 TONWERK LAUSEN）

玄关的风格一直延伸至客厅。打开与庭院相连的窗户后，屋内、屋外就会连成一个宽敞的整体空间，坐在沙发上看电视，或者在台阶上小憩，真的是非常舒适，甚至能在冬天烧柴的暖炉中看到跳跃的火苗。黑色垫子使整个空间看起来紧凑有型，也令人感觉温馨、惬意。
【阿知波家设计和施工：LIVING DESIGN BÜRO】

地板颜色沉稳、大气

材质和装修

地面 / 宽大的松木地板（刷桃木色天然漆）

墙面 / 壁纸（灰浆风格）

宽大的松木板用桃木色天然漆粉刷。壁纸颜色看起来像刷了灰浆一样。因为Y先生是音乐爱好者，所以在房间的左右两边都安装了置物架。置物架简洁、大方，不高也不低，既不会给人压抑感，也不需要另外设置门和抽屉，是一个可以让Y先生沉浸在音乐世界的、非常棒的空间。

【Y家设计和施工：WESTBUILD（IDEAL HOME）】

多彩的墙壁和含有榻榻米的、充满欢乐的客厅

材质和装修

地面 / 橡木地板，
　　　　 部分铺设榻榻米

墙面 / 水性油漆（PORTER'S
　　　　 PAINTS）

顶棚 / 部分外露式房梁

有一面墙壁是屋主自己DIY的，色彩明快，让人印象深刻。作为新手，虽然刷出来的墙面不均匀，但是别有一番风味。和玄关紧挨着的是客厅，采用了通顶设计。榻榻米间安装有吊床。整个空间的设计亮点比较多，屋主对此非常满意。

【N家设计：NOANOA ATERIE】

图1/ 通顶的那面墙壁有两层半高，全部DIY而成。将搭脚手架和维护的工作委托给专业人士，大约花了两天时间漆成，使用的是PORTER'S PAINTS的水性油漆。图2/ 客厅的前面是视野开阔的阳台。因为墙比较高，所以不需要挂窗帘，打开窗户后，空间瞬间变得非常豁亮。

烧柴暖炉＋褐色墙砖
打造沉稳、典雅空间

图 1/ 空间全是白色，会显得很单调，于是用沙发和地毯作为点缀。彩色沙发是在 ACME Furniture 购买的。图 2/拉门和二层栏杆选用的是红色，给人强烈的视觉冲击，让人留下深刻的印象。为了提高保暖、制冷效果，整个楼梯只在底部设置了几个立板。

材质和装修

地面 / 桃木地板

墙面 / 壁纸、瓷砖（部分使用）

由于经常需要与地面进行亲密接触，而屋主又不喜欢凑合，所以选用的是真材实料的桃木地板。设计中没有把存在感极强的柴炉放在某个角落，而是放在中间。作为室内装饰的亮点，柴炉附近使用的是褐色墙砖，效果极佳。地板选材考究，价格不菲，壁纸则选择了价格亲民的产品。
【近藤家设计和施工：STURDY STYLE】

柜台和餐桌一体化的小型餐厅、厨房

材质和装修

地面 / 桤木地板，部分贴瓷砖

墙面 / 灰浆

顶棚 / 外露式房梁

厨房 / 柜台：定制，ARIAFINA
抽油烟机，中外交易水
槽，松下 IH 电炉
MITSUBISHI RAYON 水龙
头，HARMAN 洗碗机

厨房是自主设计的，柜台和餐
桌的一体化设计非常有创意。
不仅一桌多用，省去了多余的
家具，还降低了成本。地板选
用的是易打理的瓷砖。厨房与
餐厅之间有一定的高度差，方
便厨房中的人与在柜台处落座
的人进行交流。
【K 家设计：LIFE-LABO 东埼玉】

图 1/ 背景墙上设置有垂悬式橱柜，并在水槽
的前面开了扇窗户，有利于通风。从餐厅方向
望去，完全看不到橱柜下方，所以柜台下面设
置成开放式空间，以便屋主使用。图 2/ 考虑
到要能同时供两个人使用，所以餐桌以厘米为
单位进行设计。要是有朋友做客，还可以把餐
桌当作吧台用，非常方便。

混凝土地板，简单质朴

材质和装修

地面 / 土间的混凝土地面用抹子完成
（Ashford Japan Qua Color）

墙面 / 12.5 mm 宽石膏板 + AEP 涂料

顶棚 / 外露式房梁

厨房 / 主体：定制，NORITZ 煤气灶，富士工业洗碗机，
CERA TRADING 水龙头

厨房墙面设有 I 形置物架，可兼作餐厅。地板采用粗犷、有质感的
混凝土地面的土间制作而成。通顶设计使空间看起来宽敞、舒适，
白墙和裸露的结构材料使得房间看起来雅而不俗。厨房正上方是儿
童房，坐在厨房的椅子上，还可以和二层的女儿聊天。
【O 家设计：川边直哉建筑设计事务所】

右图 / 厨房的不锈钢钢板上安装
有简洁、大方的台面和水槽。墙
壁上设置有置物架和纸板，用来
放置餐具、调味料之类的物品。

厨房的复古风墙壁
熟悉又亲切

图 1/ 收纳柜选用价格适中的复古色椴木三合板，下面是餐柜，用旧材制作而成。整个家具奠定了厨房复古风格的基调。图 2/ 灰色的瓷砖和不锈钢材质使家里充满了硬朗气息。HARMAN 灶台和厨房的整体风格非常搭配。

材质和装修

地面 / 海岸松木地板

墙面 / 壁纸

顶棚 / 壁纸

厨房 / 主体：定制；台面：不锈钢；墙面：部分贴瓷砖，

HARMAN 灶台；收纳（面板）:椴木三合板（上漆）

以和式门、窗为设计灵感，打造了这样的厨房。为了使整体风格统一，收纳柜被漆成了复古的棕色。餐厅的地板使用的是海岸松，墙壁和顶棚上则贴着白色的壁纸。内部装饰以简单为主，而厨房的收纳柜则特别引人注目。
【I 家设计和施工：P'S SUPPLY HOMES】

马赛克瓷砖和
木板铺设的柜台
尽显奢华、大气

图 1/ 室内装修精良，采用的是欧美田园风格。灰浆墙、木地板、复古风格的门及板墙间的搭配恰到好处。旧材的装饰梁为空间增添了温暖的气息。阳光透过宽大的窗户照射进来，在 "COLONIAL CHECK" 订购的主题窗帘迎风起舞。
图 2/ 光线从顶部倾泻而下，映照得厨房温暖而明亮。此外，还准备了 IH 灶台和洗碗机等设备，使厨房看着舒服且用起来也方便。 图 3/ 在厨房一角设置了放置餐具的收纳柜。复古造型的柜门不仅与整个厨房的风格相吻合，也可作为厨房的一个新亮点。

材质和装修

地面 / 宽大的松木地板，部分贴瓷砖

墙面 / 灰浆

顶棚 / 外露式房梁

厨房 / 主体:定制;墙面:马赛克瓷砖;柜台（侧面）:木板;

柜台面:马赛克瓷砖

柜台设计得很可爱，屋主可以跟家人一起享受做饭的乐趣。厨房柜台四周铺设木板，呈 L 形设置。靠客厅的一侧设置了抽屉，可以收纳各种物品，用起来很方便。除了柜台上方外，墙壁的一部分也使用了马赛克瓷砖，让整个房间看起来干净、整洁。
【岛田家设计和施工 : SALA'S】

灰浆墙厨房
好用的脚手架板材
个性十足

图 1/ 厨房柜台旁边配置了一张餐桌，这样无论是准备膳食还是收拾，都比较方便。图 2/ 为了与工作用的不锈钢柜台风格相搭配，设计师特意选用了外形硬朗的天然气炉灶。抽油烟机简洁又大方。图 3/ 柳桉木三合板墙上安装有简易置物架，然后把搁板放在置物架上，用来放置物品。最下层高度和深度适中，还可用作桌子。

材质和装修

地面 / 土间地面用抹子压实、抹平

墙面 / 柳桉木三合板，部分采用硅酸钙板

顶棚 / 旧的脚手架板材

厨房 / 主体：定制；柜台（侧面）：不锈钢；台面：用灰浆
涂刷而成，SANWACOMPANY 抽油烟机，
KAKUDAI 水龙头

混凝土地面、用旧脚手架板制成的顶棚、黑皮铁楼梯，整个厨房粗犷的造型很像仓库。屋主夫妇二人都很喜欢做料理，为了让厨房能同时容下两个人，水槽和炉灶呈 T 字形放置，这样的布局方式非常实用。灰浆顶棚耐热、防水、使用寿命长，而且维护起来也很方便。
【中土家设计：ALTS DESIGN OFFICE】

不锈钢和马赛克瓷砖打造花样厨房

材质和装修	
地面 /	红松木地板
墙面 /	壁纸、彩色装饰玻璃、
	马赛克瓷砖
顶棚 /	外露式房梁
厨房 /	东洋厨房样式
	（I 形，宽 255 cm）

为了充分利用狭长的餐厅、厨房空间，设计师把厨房做成了开放式。不锈钢柜台、彩色装饰玻璃及马赛克瓷砖打造的空间素雅、别致。餐厅和厨房离得很近，做家务的时候也比较方便。
【宇野家设计：POHAUS】

用瓷砖和粉刷的墙壁打造明快、温馨的厨房

材质和装修	
地面 /	橡木地板、榻榻米
墙面 /	粉刷（水性油漆），部分贴马赛克瓷砖
顶棚 /	外露式房梁
厨房 /	主体：定制；台面：不锈钢

柜台上安装了 IH 加热器。为了节省空间，干脆把柜台当作餐桌，让整个厨房看起来紧凑有序。由于缩短了来回移动的线路，所以工作起来效率很高。这里没有使用榻榻米，而是用了各种样式的椅子。卤钨照明灯是在网上订购的，价格比较实惠。为了节约成本，没有定制抽油烟机罩，使用的是现成的产品。
【N 家设计：NOANOA ATERIE】

左图 / 将柜台下方都设置为抽屉，成本太高。为了节省成本，做成了双门。洗衣机嵌在柜台下方，大大提高了工作效率。

图 1/ 水槽下方没有做柜台，而是留出了一个开放式空间。这样做既能减少成本，又可以按照自己的喜好放置物品。图 2/ 为了能充分享受做点心的乐趣，将台面设计得很大。据说加藤先生还会在此制作荞麦面。图 3/ 岛式柜台内部较深，可以放置很多物品。除了餐具之外，还可以放置客厅、餐厅的日常用品。

不锈钢柜台使用方便，
点心、荞麦面分分钟搞定

材质和装修

地面 / 橡木地板（打蜜蜡）、

灰浆（土间部分）

墙面 / 灰浆

厨房 / 主体：定制；台面：不锈钢

玄关与土间合二为一，并且与餐厅、厨房直接连成一体，因此空间显得特别大。不锈钢材质与木材完美结合，别具一格。厨房跟土间相连的设计创意非常棒，这样一来，就能方便地处理在做饭过程中产生的垃圾了。在这样便捷的厨房中做饭，制作起点心来也是得心应手。

【加藤家设计：FCD 一级建筑士事务所】

用旧木材和瓷砖点缀灰浆墙

图 1/ 地面选用的是价格比较实惠的马赛克瓷砖，墙面使用的是外观细腻的进口瓷砖。为了让孩子们也参与进来，设计师把厨房布局成了开放的 L 形。图 2/ 置物架设置在隐蔽的位置，用来收纳家电及储藏物品。右手边的置物架内部比较深，可以放很多餐具。图 3/ 餐桌上方这盏琥珀色玻璃灯，屋主特别喜欢。

材质和装修

地面 / 宽大的松木地板（刷桃木色油漆），
　　　　部分贴马赛克瓷砖（厨房）

墙面 / 灰浆，部分贴进口瓷砖（厨房）

厨房 / 松下整体橱柜

装修的灵感来源于欧美公寓，厨房兼餐厅的空间清新自然。用抹子刷过的灰浆墙在阳光的照射下恬静而明亮。厨房的地面和墙面的瓷砖是设计师精心挑选的，充满了自然的气息；用之前拆下来的旧木材进行再加工后用到了推拉窗上，看起来别有一番风味。
【Y 家设计和施工：WESTBUILD（IDEAL HOME）】

图 1/ 站在厨房里面从旁边的窗口望去，可以看见远处的琵琶湖。回头则可以从后面的窗口看到连绵起伏的山脉。家具和一些装饰品也是设计的一个亮点。大部分物品都是从古董市场淘来的，也有些是屋主自己手工制作的。图 2/ 为了美观，设计师把开放式置物架设置在从客厅、餐厅方向看不到的地方。置物架里面摆放的是从古玩市场上淘来的木箱。为了使整体风格统一，又请木工把木抽屉漆成了与置物架相同的颜色。

用木制腰壁打造一体化厨房

材质和装修

地面 / 实木地板（做旧处理）

腰壁 / 木板（刷天然漆）

厨房和餐厅呈一体化设计，装修风格粗犷、大气。地板选用的是经过做旧处理的实木板。厨房原本打算使用木材，但考虑到预算问题，就只在柜台外围用木制腰壁围起来。餐厅处没有安装放置物品的置物架等，因此节约了成本。木板上部刷了天然漆，看起来非常有感觉。

【K 家设计和施工：RYOWA HOME】

追求完美细节
打造不锈钢厨房

图 1/ 厨房后面是一个大型收纳柜，就只设置了几扇推拉门。使用平价收纳筐把里面收拾得整整齐齐。从冰箱到钢琴，任何东西都可以收纳进去。图 2/ 为了购买合适的用品，屋主甚至不惜跑到大阪的商品展出室。不过这一趟很值得，买到了非常喜欢的水槽。地面采用的是同质瓷砖，不仅性价比高，清洁起来也很方便。

1

2

材质和装修	
地面（厨房）/ 同质瓷砖	
厨房 / 半定制：H&H Japan；	
台面：不锈钢（拉丝）	

厨房采取半定制的形式，考虑到预算和设计问题，屋主在网上找了个合适的装修公司。餐厅、厨房是从玄关到卧室的必经之路，所以把柜台和餐桌横向排列，这样就可以充分利用空间。桌子是 TRUCK 的，软椅的设计者是凯·克里斯蒂安森。厨房背面的墙壁是一个很大的收纳柜，只是简单地设置了几扇推拉门。虽然厨房的设计简单，但是功能非常齐全。

【小畑家设计：FREEDOM ARCHITECTS】

图 1/ 炉灶和一些家电都放在柜台上，因为地板下方也设有收纳空间，所以收纳完全不成问题。图 2/ 厨房的后墙上设置了置物架，可以收纳很多物品。还有开放式置物架及柜台，可以在上边放置一些调味料和餐具。柜子里没有抽屉，而是用收纳筐来存放餐具和食材。图 3/ 水槽下方是一个开放式空间，立面摆放了一个钢架，用来放置物品。这样屋主可以立刻找到想要的东西，节省了时间。图 4/ 厨房的工作台是屋主自己设计的，所以不管是做料理还是端菜都很方便。柜台选择了耐热的材质，即使把热锅放在上面也没有关系。从这里可以看见客厅和院子里的情况，大人在做饭的同时也能兼顾到孩子。

使用原生木材打造清爽空间

材质和装修

地面 / 杉木地板

墙面 / 椴木三合板

顶棚 / 椴木三合板

厨房 / 主体：定制；柜台：贴瓷砖；收纳门：椴木三合板

地面选用的是杉木地板，墙壁、顶棚及收纳柜都使用了亮色调的椴木三合板。屋内使用了大量木材，房间造型以直线为主，看起来简单、大方。餐厅里面放置的是 20 世纪 60 年代丹麦的家具，线条优美、舒展，符合整个房间的风格。为了保持厨房整体设计风格的统一，屋主把室内设计委托给施工单位来做。

【阿知波家设计和施工：LIVING DESIGN BÜRO】

用充满手作感的地板和瓷砖打造舒适的空间

材质和装修

地面 / 镶花地板（粉刷）

墙面 / 部分贴长方形瓷砖
　　　　（意大利制造）

顶棚 / 椴木三合板

厨房 / 主体：定制，贴瓷砖

因为经常有朋友过来，所以餐厅、厨房的地板和墙壁的材质都是经过精挑细选的。地板用的是镶花地板；开放式置物架从厨房一直延伸到餐厅；长方形瓷砖充满了手作感。这些精心准备的材质使得整个空间显得奢华、大气。置物架和橱柜的木质部分及地板都是屋主自己粉刷的，虽然粗糙，却很有质感。

【田吹家设计和施工：SUMA-SAGA】

图 1/ 餐桌是在 GALLUP 购买的，因为带有花纹的不锈钢水槽要贵一些，所以最后选择了便宜的内嵌式水槽。图 2/ 开放式置物架是屋主喜欢的样式。整个厨房采用 L 形布局，缩短了移动距离且节省了时间。蓝灰色的门也让人眼前一亮。

黑板漆墙很有情调

材质和装修

地面 / 雅致的地板（刨切
　　　　薄木）、瓷砖（厨房）

墙面 / 粉刷，部分使用黑板漆

顶棚 / 粉刷

铺着瓷砖的地面和刷着黑板漆的墙充满了时尚感。柜台的周围设置了腰壁，完美地修饰了台面，显得美观、时尚。为了节约成本，客厅、餐厅、厨房的顶棚和墙壁都是屋主自己 DIY 而成。虽然有些地方色彩不均匀，却别有一番风味。

【上野家设计和施工：WILL】

左图 / 厨房的地面使用的是容易打理的瓷砖。左手边的墙壁用黑板漆粉刷成黑板的模样，非常吸引人。厨房中没有设置收纳柜，而是用橱柜和架子来放置物品。

图 1/ 餐厅的地板采用人字形拼法，桌子是屋主祖母赠送的。厨房的墙壁上刷的是隔热性较好的涂料。屋主自己动手在瓷砖上刷了一层丙烯树脂涂料。图 2/ 厨房的照明灯具使用的是工业用防爆照明灯，与复古风的蓝色长方形瓷砖相呼应。图 3/ 厨房设有食品柜。开放式置物架是屋主 DIY 的作品，各种东西一览无余。绕过食品柜，从玄关可以直接到厨房，非常方便。

不锈钢材质的厨房非常帅气

材质和装修

地面 / 木板（人字形拼法），
　　　　瓷砖（用丙烯树脂 / 厨房）

厨房 / 主体：定制；橱柜：不锈钢、
　　　　HARMAN 煤气灶；墙壁：部分贴瓷砖

因为夫妻俩都很热衷于做料理，无论是不锈钢材质的橱柜，还是铁质五德煤气灶，都是很专业的厨房用具。煤气灶右边的柜台是宜家的商品。厨房中既有现成产品也有屋主 DIY 的，各种用品完美地组合在一起。狭长的蓝色瓷砖和木质橱柜色彩迷人。
【S 家设计和施工：ARTS & CRAFTS】

4

用橡木和瓷砖分隔区域

图 1/ 厨房设计得很宽敞，因为男主人也比较喜欢做料理，夫妻俩可以一起做饭。厨房宽大的备餐台采用木质脚柱，并漆成黑色。"我很享受和孩子一起做点心的快乐时光"，屋主说道。饮料和食物在柜台上摆放着，可以在家里举办小型的自助餐派对。图 2/ RENO-CUBE 设计的厨房，主要特点是简单、大方。黑色手推车上放置着餐具。收纳柜采用开放式且通风性比较好。图 3/ 煤气灶前面贴的瓷砖，也是房间设计的一大亮点。图 4/ 厨房的地面采用的是深色、耐脏、易清扫的瓷砖。窗边的灰浆地面便于放置盆栽和鞋子。

厨房中使用开放式的收纳柜。整体的色彩搭配及材质都是精挑细选的。物品虽多，却没有杂乱的感觉，而且还让人觉得很时尚。餐厅和厨房的地面材质不同，餐厅的地板使用的是做旧的橡木，实用且耐看。在萨科订购的旧脚手架板材做成的餐桌与 THE BROWN STONE 家的椅子搭配，别有一番风味。
【M 家设计和施工：RENO-CUBE】

材质和装修

地面 / 橡木板（边缘加工）、瓷砖（厨房）、灰浆（窗边）

厨房 / 主体：定制；墙面：部分贴瓷砖（煤气灶周围）；
台面：不锈钢；作业台：木质脚柱涂成黑色

案例 1

用松木和硅藻泥打造的空间十分敞亮，赤脚走在地板上，心情无比舒畅

M 先生（东京都）

夫妇二人有三个女儿，大女儿十岁，两个妹妹分别是七岁和五岁。因为都是女孩子，所以房间都很整洁。三个孩子都个性十足，还学了空手道。原本就很温馨的家，因为装饰了孩子们的作品而变得更加多姿多彩。

Kitchen

砖块型瓷砖和松木板搭配完美，铺满瓷砖的柜台使用起来很方便

Ⅱ形的柜台无论是做饭还是收纳物品，都很方便。一般来说，厨房很容易显得杂乱，但是这个设计可以起到很好的修饰作用。在厨房的最里面还设置了储物间。

地面

松木地板

墙面

日本硅藻泥、ADVAN 大理石砖

厨房

主体：定制；柜台：SANWACOMPANY 瓷砖；面板：松木板、KAWAJUN 把手、中外交易水槽、TOTO 水龙头、HARMAN 洗碗机、RINNAI 煤气灶、富士工业抽油烟机

Dining

松木地板舒适、惬意，
餐厅与厨房距离适中

厨房是半封闭式的，餐厅设计得非常舒适，整个空间让人觉得安心、心情平静。餐厅中的桌椅是 M 先生从老家带来的。

地面

松木地板，部分使用 ADVAN 大理石砖

墙面

日本硅藻泥

餐厅和客厅呈 L 形，在阳台上设有遮阳棚。餐厅窗边的地面和杂物间的地面使用的是大理石砖，令整个空间充满了自然的气息。

Living

用硅藻泥墙壁
打造优雅、大气空间

客厅墙面很宽大，在靠近顶棚处开了一扇窗。沙发柔软、舒适，坐上去时会陷入其中，非常惬意。

地面

松木地板

墙面

日本硅藻泥

Utility

用大气的材质创造出好用的、能"同时做家务"的储物间

储物间用松木板和大理石砖等粗犷、大气的材质铺设而成。食品柜与厨房相通，方便屋主做家务。

地面

ADVAN 大理石砖

墙面

松木板

左图 / 墙上的木板是纵向排列的，中间开了扇小窗户。这样，屋主在洗衣服时，可以透过窗户兼顾到在客厅玩耍的孩子。右图 / 厨房隔壁是孩子们写作业的地方。墙上的收纳柜既可以放东西，又可以当作孩子们的作业桌。收纳柜上可以放置衣物和学习用具，收纳柜采用窗帘作为遮挡，使空间显得十分整洁。

这是 M 先生的新家。从玄关进来，首先映入眼帘的是敞亮的和室，然后是可以自由出入的后门，再往里就是奶奶的家了（为了方便奶奶走动，特意设计成这样）。这里原本就是 M 先生的老家，因为继承了土地使用权，所以 M 先生一家就设计了这样的房子。M 先生的母亲现在住的地方离这里很近，步行大约需要十分钟的时间。奶奶和母亲，再加上 M 先生夫妇及三个孩子，组成了四世同堂的欢乐大家庭。

以前客厅、餐厅、厨房位于一层。趁着这次装修，设计师将客厅、餐厅、厨房改建到了二层。虽然周围到处都是居民区，但是由于位处二层，所以光线很充足，通风性也特别好。因为 M 先生是在乡下长大的，所以不喜欢又暗又冷的房子。总而言之，装修时优先考虑的是宜居性，M 太太对此也是赞不绝口。

选材精良且注重私密性的卫生间

一层及更衣室处的洗脸池注重实用性，选用的都是成品。而三层的卫生间更侧重美感。花砖和容器般的洗手池让人记忆深刻。

Sanitary

浴室与和室紧挨在一层，即使 M 先生的母亲搬过来住，也比较方便。包括一体化浴池在内，卫生间及化妆台的主要水管使用的都是 TOTO 公司的产品。

精心挑选材质，打造宜居空间
采用"漫画屋"的造型
让家人住得快乐、舒心

客厅和厨房之间隔着阳台，呈 L 形布局。卧室不算大，但胜在光线充足，所以住着非常舒服。实木地板和硅藻泥墙进一步提高了屋主的居住满意度。因为光线充足，所以松木地板可以长时间沐浴在阳光下，即使光脚踩在上面也不会觉得凉。"我本来就怕冷，现在一年四季都不用穿袜子，连我自己都惊呆啦。" M 先生说道。

地面
松木地板

洗手池
LIXIL

水龙头
LIXIL

面板
ADVAN 瓷砖

正方形的窗户和置物架搭配得非常和谐。二层是客厅、餐厅、厨房，没有卫生间，只在一层的浴室和三层的卧室中设置了卫生间。用设计师小山的话来说就是"这样不仅格局合理，而且使用方便"。

Kid's room

三层房间的
使用方式十分灵活，
走的是自由风格路线

儿童房大约有 5.5 个榻榻米大小，
大女儿和小女儿的床紧挨着。因为
想着以后把这里改造成卧室，所以
目前只进行了简单的装修。

地面

松木地板

下图／卧室的空间非常大，屋主打算以后把这里分割
成两个房间，所以在房间内设置了两个出口。只有在
需要用空调的季节，全家人才会聚在这里睡觉。

加上一些额外的
设施及布局
以备不时之需

因为夫妇二人都有工作，所以在装修房子的时候，
设计师重点考虑了做家务的便利性。多功能室和客厅、餐
厅、厨房位于同一层，光线充足。在阳光满满的房子里做
家务，心情非常愉快。客厅、餐厅之间的隔墙上没有设计门，
厨房和储物间是相通的，方便屋主与家人"同时做家务"。

这样的布局也增加了孩子和妈妈接触的机会。无论
是做饭、洗衣服，还是熨衣服，孩子们都可以过来帮忙。

夫妇二人都觉得，"如果在一层卫生间洗衣服，就不会有
这么多和孩子们接触的机会了"。言传身教嘛，孩子们看
着家长做家务，自然而然地就学会了。所谓的"无心插柳
柳成荫"，把公共空间的一角设计成多功能室后，居然
收获了意想不到的效果。

再过不久，祖母和曾祖母就要过来住了，对于三姐妹
来说，这也是一个绝佳的居住环境。M 先生也说，"这是

Tatami room

用榻榻米和松木地板
打造的开放式和室

开放式和室与玄关大厅连在一起，十分宽敞、舒适。比起封闭式和室，开放式和室功能更多，也不用担心湿气问题。在吊柜和地窗的衬托下，空间显得非常宽敞。

关上和室门，就形成了一个独立的房间。即使将来 M 先生的母亲过来居住，也完全没有问题。左边最里面的出口是去 M 先生奶奶家最近的路。

我们第一次住独幢楼房。三个孩子在敞亮的房间里玩起来非常尽兴。我在这栋老房子里度过了童年时光，留下了满满的美好回忆。重建虽有不舍，但是看到大家现在住得这么舒服，还是觉得非常值得。不管怎么说，亲戚、邻居都很喜欢我的孩子，和她们住在一起才是最重要的"。

地面

无包边榻榻米、松木地板

墙面

日本硅藻泥

应 M 先生要求而准备的书房，大约有 3 个榻榻米大小。"榻榻米＋脚桌"的组合，使得这个空间温暖而舒适。"看书累了之后，顺势往榻榻米上一躺，要多舒服就有多舒服"。

Entrance

木栅栏为
淡蓝色的玄关门
增添了一份温馨

入口处淡蓝色的不锈钢门非常可爱，让人印象深刻。木栅栏内侧有一个正对和室的木制台，以及放置家人自行车的小型车库。整栋房子看起来干净、利落。

门廊
土间的混凝土地面用抹子完成

前门
不锈钢门

玄关大厅总共有两个入口，一个是客人用的，一个是家人用的。两边分别放置有鞋柜，以及放置外套和包的衣杆，使用起来非常方便。

屋顶
殖民地风格

外墙
"Aica"娇丽彩砂

新家共有三层，阳台位于二层。一层邻路侧用木栅栏修建了一个带有走廊的木制台。从右手边向外望去，M先生的奶奶家隐约可见。

设计的重点

设计：PLAN BOX

小山和子　勇井辰夫

屋主一直想要一个阳光充足的客厅、餐厅，考虑到以后周边房子的高度会越来越高，所以就把房子设计成了三层。一家五口每人都有一个独立的房间。一层给奶奶预留了一间和室。从这次改建中总结出来的经验就是：设计时思维很容易受到以前房子的影响。在保留一部分房屋原有设计的基础上，要敢于发散思维，打破传统思维，这样才能创造出与众不同的舒适新环境。

案例 1

详细信息

家庭构成：夫妻两人＋三个孩子
占地面积：100.07 m²
建筑面积：52.99 m²
总面积：133.31 m²
　　　一层 48.02 m²
　　　二层 46.37 m²
　　　三层 38.92 m²
结构和工法：木质三层建筑
　　　　　（集成木材构件方法）
工期：2015 年 9 月—2016 年 2 月
主体工程费用：约 185 万元
3.3 m² 单价：约 4.6 万元
设计：PLAN BOX
网址：www.mmjp.or.jp/p-box

3F

2F

1F

PART 2

工作区域、榻榻米、卧室、儿童房、多功能室、楼梯、玄关

的材质和装修方法

工作区域 的材质和装修

在房间的一角设置了长长的柜台，既可以作为森田先生的书房，也是森田太太做家务及孩子们学习的空间，使用起来非常方便。因为空间十分紧凑，再加上材质和色彩的搭配，可以让人很快地进入状态，迅速完成工作和作业。

材质和装修

地面 / 榻榻米

墙面 / 硅藻泥

客厅旁边的榻榻米空间是家人共用的工作、学习场所。此外，还设计了一个靠墙的、暖炉桌式的柜台，既方便又实用，大家可以在此学习、嬉闹。从厨房可以清楚地看到客厅，屋主在忙碌的同时还可以兼顾到孩子，大人、孩子都能安心。【森田家设计：PLAN BOX】

舒适的榻榻米空间，可在此学习、玩耍

洒满阳光的空间
是绝佳的学习场所

材质和装修

地面 / 桦木地板（打蜡）

墙面 / 以天然火山灰为原料的灰膏（日本 MTECS）

从客厅、餐厅、厨房往上数，在第三个台阶的地方设计了一个学习的空间。墙壁是由以天然火山灰为原料制作的灰浆漆成的，在墙上安装了长桌，使用起来非常方便，还在桦木地板上打了一层蜡。整个房间无论是外观还是触感，都非常舒适。为了不遮挡阳光，通往阁楼的楼梯只保留了踏板。在这样一个洒满阳光的地方学习，非常惬意。
【K 家设计：KAZUHIRO SENO + ATELIER】

开放式置物架搭配心仪的装饰品
打造温馨一隅

材质和装修

地面 / 实木地板

墙面 / 砂灰浆

顶棚 / 柳桉木三合板

厨房的一角设置了置物架和桌子，这是诸冈太太的专用空间。墙壁上开了一扇宽大的窗户。窗户前面是一个开放式置物架，用来摆放一些诸冈太太喜欢的饰品。"透过窗户可以看到窗外郁郁葱葱的树林，令人心旷神怡"。考虑到空间整体氛围，设计师用木栏将空调遮挡起来。空间虽小，却令人心旷神怡。【诸冈家设计：YURARI ARCHITECTS OFFICE】

铺设地毯，
打造兴趣室

材质和装修

地面 / 地毯

墙面 / 壁纸

客厅没有门，可以直接通到宇野先生的兴趣室。地板错落有致，上面铺设不同的地毯以划分区域。房间差不多有三个榻榻米大，不大不小，刚好合适，让宇野先生在享受天伦之乐的同时，还可以沉浸于自己的兴趣爱好中。
【宇野家设计：POHAUS】

在榻榻米上学习非常方便

材质和装修

地面 / 榻榻米

下图 / 榻榻米房间的柜台呈コ形排列。每个人都有自己固定的位置，这里是S先生的座位，透过眼前的窗户可以直接看到阳台。

因为夫妇二人都是搞研究的，所以在装修时S先生首要考虑的是学习场所。必须建成一个舒适、惬意的地方，大人、小孩都可以使用。若是累了，还可以直接躺下休息。空间中不仅铺设有榻榻米，还放置了像暖炉桌一样的柜台，双腿可以很舒适地垂下。书架的设计方法也值得借鉴，不仅好用，而且不会遮挡光线。

【S家设计：PLAN BOX】

用书架做隔墙的设计独特新颖

材质和装修

地面 / 三合板

墙面 / 壁纸

楼梯旁边是小畑先生的书房，也是全家人的书房。木质的搁板请家居建材店切割后，屋主自己进行了DIY。楼梯和隔墙都是开放式的，不会有局促感。在这里，小畑先生不仅可以和家人交流，也可以专注于自己的工作。

【小畑家设计：FREEDOM ARCHITECTS】

用灰浆墙打造适合兄弟二人学习的空间

材质和装修

地面 / 灰浆

房间的设计简洁、大方，厚厚的灰浆和实木板之间搭配完美。从客厅拾级而上，就来到了这里。据说桌椅是以前家里一直使用的，为了能够顺利搬进来，还特意把这里收拾了一番。因为兄弟二人想待在离家人近的地方，所以就把学习的场所设计在楼梯处。

【中山家设计和施工：SALA'S】

用白墙搭配橡木地板和家具，黑皮铁使空间显得更加紧凑

材质和装修

地面 / 橡木地板

扶手 / 黑皮铁

书架 / 橡木（定制）

二层大厅是工作场所，大厅里的橡木书架是在 CAMP 定制的。书架的布局因地制宜，纵向较深。舒适的雷·伊姆斯座椅、绿色的地毯，以及 IDÉE 照明灯把空间点缀得多姿多彩。坐在桌前，可以一边学习一边欣赏如画的风景，非常惬意。
【M 家设计和施工：ATELIER YI：HAUS】

与玄关土间相连的舒适学习角

材质和装修

地面 / 杉木地板（不上漆）

为了让三姐妹能够安心学习，设计师特地在客厅和厨餐厅之间设计了一个学习角。杉木地板没有上漆，与桌子上方的开放式置物架搭配得非常完美，看起来既简约又有质感。因为桌子上很容易弄得乱糟糟的，所以特意设计了一面高度适中的墙，既能遮挡来自客厅的视线，又不会遮挡光线，使学习角光线充足。
【东光家设计和施工：BUILD WORKs】

左图 / 在学习角安装了一块白板，家人都可以用，非常方便。白板具有磁性，上面还可以贴些作业、笔记等。

酒红色壁纸和
卧室桌台之间搭配完美

材质和装修

地面 / 橡木地板

（使用阿月浑子色天然漆）

墙面 / 壁纸

顶棚 / 壁纸

卧室的主色调是白色。只在一面墙上使用酒红色壁纸，房间瞬间就变得灵动起来。设计师依墙设置了一个学习角，不带桌角的桌子和简易置物架看起来既简洁、大方，又结实、耐用。
【佐贺枝家设计和施工：ATELIER YI: HAUS】

从客厅划分的学习角

材质和装修

地面 / 橡木地板（白色石蜡）

墙面 / 部分使用灰浆

在客厅一角设计了一个专门放置电脑的空间，大约有 5 m^2 大小。一开始打算用门把这个空间隔出来，后来考虑到成本问题，就改用了小隔板。这样做不仅可以起到修饰作用，而且不会妨碍视线，让大人在做家务的同时，可以兼顾到玩耍的孩子。学习角内部墙面用灰浆进行了粉刷。
【N 家设计和施工：COM‐HAUS】

左图 / 虽然使用了隔板，但并不是全封闭的，所以既不影响工作，还可以和家人进行交流。客餐厅右侧还设计了一个壁龛，上边摆放了一些装饰品。

梦寐以求的装修终于实现了

材质和装修

地面 / 桃木地板（人字形铺设）

墙面 / 砖、水泥砂浆（石膏材料）

装修材质精良、考究，墙面用砖铺砌，内室墙壁选用的是天蓝色的水泥砂浆，地板选用的是人字形花纹桃木板，都是屋主心仪的材质，所以屋主对装修出来的空间十分满意。因为屋主想在客餐厅旁边使用电脑，但是没有一点遮挡的话会很突兀，所以设计了这个半封闭式空间。

【丸田家设计和施工：里村工务店】

左图 / 在卧室和工作室之间开了扇窗户，使用的是静冈的BONCOTE。通顶式设计不仅看起来非常敞亮，还给工作室内带来了充足的阳光。

巧选油漆，
打造沉稳、大气的空间

材质和装修

地面 / 枫木地板

墙面 / 灰浆，部分墙刷油漆（HANDLE-MARCHE
  原创设计）

顶棚 / 露梁

用袖壁把客厅、餐厅、厨房的一角分隔开，靠墙摆放一张电脑桌。因考虑到与家具和杂货之间的协调性，所以选择了墨绿色的油漆来粉刷墙面，使空间别有一番风味。油漆采用的是HANDLE-MARCHE店的原创产品——HOUSE-BUILDER系列，把宽敞的客厅、餐厅、厨房装扮得亮丽、多彩。

【K家设计：CHARDONNAY 福井】

榻榻米 的材质和装修

榻榻米房间有很多优点，比如随时都可以躺下来休息一会儿。装修是一项既烦琐又充满乐趣的工程。在你的精心努力下，榻榻米可以成为一个既有个性又与整体和谐的空间。

打造出时尚感用格子状排列的无包边榻榻米

1 2

图 1/ 出入口处设有拉门，有效地保证了空间的私密性。银色涂料与混凝土地面搭配得非常和谐。图 2/ 榻榻米对面设计了一个小小的阳台，可以从窗口自由出入。

材质和装修

地面 /	无包边榻榻米（四角形），土间的混凝土地面用抹子抹平
墙面 /	石膏板宽 12.5 mm，涂有 AEP
顶棚 /	外露结构

入口从走廊一直延伸至混凝土土间。铺设有方格榻榻米的房间，造型既简约又充满了时尚感。这个房间位于走廊尽头，屋主的父母过来时可以住在这里。房间布局合理、位置适中、居住舒适，越过木制台还可以看到客厅。
【O 家设计：川边直哉建筑设计事务所】

欣赏着自己
喜欢的颜色入眠，
内心无比幸福

材质和装修

地面 / 无包边榻榻米、橡木地板（打蜜蜡）

墙面 / 粉刷　　**顶棚** / 粉刷

"我非常喜欢榻榻米，所以把这里设计成了和室。考虑到只是在这里睡个觉，对光线没有什么要求，所以就只装了落地灯。"墙面和顶棚是屋主自己粉刷的，都是他喜欢的颜色。他还购买了比较便宜的无包边榻榻米，找施工方进行了安装。
【加藤家设计：FCD 一级建筑士事务所】

木质顶棚营造出
温馨的氛围

材质和装修

地面 / 榻榻米，部分为松木地板　　**墙面** / 硅藻泥

与地板相比，屋主更喜欢榻榻米，所以设计师将其设计成了和室。榻榻米、硅藻泥、木质顶棚及纯天然材质的完美搭配，使空间变得温馨而美好。高度适中的清扫窗及毫无局促感的吊柜，使空间显得洁净、明快。窗外还设有木制台。
【森田家设计：PLAN BOX】

带有人字形屋顶的个性地板

材质和装修

地面 / 无包边榻榻米、柚木
　　　　地板

墙面 / 乙烯基壁纸

下图 / 利用楼梯下方的空间巧妙地设计了一个人字形屋顶。最里面的暗色墙壁沉稳、优雅，与绿色的植物相映成趣。

无包边的榻榻米顺着人字形屋顶向外延展，既雅致又时尚，屋主计划把这里做成一间和室。旁边紧挨着的就是西式客厅，两者毫无违和感地衔接在一起。入口处用拉门隔开，拉上门后这里就成了一间有特色的独立和室。
【小畑家设计：FREEDOM ARCHITECTS】

灵活运用柳桉木三合板建造富有趣味性的和室

材质和装修

地面 / 无包边榻榻米

墙面 / 柳桉木三合板

顶棚 / 柳桉木三合板

这间和室与客厅、餐厅、厨房直接相连，使用起来非常方便。大人可以在这里叠衣服，孩子们可以在这里玩耍、嬉戏。客厅、餐厅内部装修及和室墙壁和顶棚选用的都是柳桉木三合板。"事实证明，不要门的做法相当正确，有间和室看起来简直棒极了！"屋主说道。吊柜、地窗及间接照明使这里显得清爽、明亮。
【G家设计：澜浦博昭环境建筑设计事务所】

格子状排列的榻榻米
美观而时尚

材质和装修

地面 / 无包边榻榻米

墙面 / 壁纸

无包边的正方形榻榻米交错排列，呈格子状。墨染成的黑色榻榻米，使整间和室看起来既简约又时尚。墙上没有刷漆，而是使用价格适中的壁纸。造型独特的灯泡是在 THE CONRAN SHOP 购买的。
【M家设计和施工：L.D.HOMES】

左图 / 放置棉被的吊柜下方设有筒灯，因为吊柜下方是开放式空间，所以视野比较开阔。

充满咖啡屋风情的榻榻米空间

材质和装修

地面 / 无包边榻榻米、
桦木地板（上有 LIVOS 天然油漆）

墙面 / 灰泥

因为屋主想要装修出具有咖啡屋风情的房子，所以装修时使用了很多咖啡屋的元素。此外，还用带有复古风情的小物件为空间进行了点缀。榻榻米设置得稍高，与客厅、餐厅、厨房连接在一起。隔墙、小窗户、摆放有小物件的置物架，以及复古电灯等细节做得都非常到位，形成了和谐、统一的榻榻米房间。
【石田家设计和施工：株式会社 FIRST 设计】

窗外有竹林美景，室内有舒适的榻榻米客厅

材质和装修

地面 / 无包边榻榻米、桐
木地板（带有一定高度）

墙面 / 硅藻泥

开放式榻榻米客厅通畅、明亮，与走廊连在一起。榻榻米选用的是触感极佳的桐木板，为了就座方便，榻榻米距离地面有一定高度。窗外竹林成荫，室内洁净、敞亮，整个空间呈现闲适、惬意的氛围。阳台的屋檐设计也别有一番风味。
【小川家设计：TANAKA NAOMI ATELIER】

用木天窗
打造简洁、舒适的和室

材质和装修

地面 / 无包边榻榻米

和室内铺设的是无包边榻榻米，靠着墙壁做了个大型收纳柜，不仅有效地利用了空间，而且式样简单、清爽。虽然房间只有五个榻榻米的大小，但是由于收纳柜下方没有封实，所以阳光可以从地窗投射进来，让空间看起来非常敞亮。收纳柜上方的木制天窗巧妙地把空调遮盖了起来。

【M 家设计和施工：ATELIER YI：HAUS】

无包边榻榻米和深茶色木地板
打造时尚的和室

材质和装修

地面 / 无包边榻榻米、木地板

和室只有 15 m² 大小，除了无包边榻榻米之外，还铺设了木地板。小柜橱、窗框及木地板都漆成了深茶色，房间看起来雅致又时尚。木材都是由屋主亲自上漆，和纸照明灯为空间增添了别样的美。

【垣本家设计和施工：KI-LIVING】

浅蓝色的墙和榻榻米形成鲜明对比

材质和装修

地面 / 无包边榻榻米，部分使用杉木地板、橡木地板（客厅）

墙面 / 灰浆

山中太太喜欢插花，应其要求，把墙壁粉刷成了浅蓝色。设计师将榻榻米安装得比较高，可以当作凳子使用，下方的空间还可以放置物品，一举两得。榻榻米的边缘处没有设置壁龛，而是铺设了杉木板，使整个空间充满了创意。
【山中家设计和施工：ANESTONE】

深茶色的顶棚让空间显得紧凑、素雅，又不失时尚感

材质和装修

地面 / 无包边榻榻米、橡木地板（阿月浑子色）

墙面 / 壁纸　　**顶棚** / 壁纸

顶棚上贴有深色壁纸，从卧室一直延伸到和室。如果再装一个隔门，一个宽敞的大通间就可以形成两个房间。简洁、新颖的拉门和地窗，处处洋溢着和式风情。高出地板的部分既可以收纳物品，又可以当作凳子。【佐贺枝家设计和施工：ATELIER YI：HAUS】

右图 / 客厅与和室之间利用竖格子拉门隔开了。为了使隔墙很好地融入环境中，将其刷成了和地板一样的颜色。

卧室 的材质和装修

在劳累了一天之后，人们只想回到卧室好好地休息一下。因此，卧室材质的选择非常重要，这关系到卧室的舒适度。卧室装修风格既可以是简单、大方的，也可以是清爽、婉约的。关键是要根据个人生活方式和喜好，选择适合自己的设计。

阳光透过北窗照射在简单、大方的白色墙面

材质和装修

地面 / 胡桃木地板（上油）

墙面 / 涂抹 AEP

二层卧室位于楼道的一端，设计师在北侧设计了一扇窗。阳光穿过窗户，洒落到白色墙面和胡桃木地板上，让空间显得明亮又温暖。屋里没有放置多余的家具，就连照明灯的样式都比较简单。在这个静谧而安详的空间里，很快就能安然入睡。

【K家设计：一级建筑士事务所 STRAIGHT DESIGN LAB】

上图 / 窗帘轨使用的是 SILENT GLISS 公司（本部在瑞士）的。内嵌式设计美观、大方，升华了空间的设计感，在浑然不觉间就提升了卧室的装修水平。

倾斜式顶棚营造出"密闭感"，木制小窗为室内增加了暖意

材质和装修

地面 / 宽大的松木地板

墙面 / 灰浆

夫妻二人的卧室在阁楼，以
松木地板和灰浆墙为主基调
的设计显得简洁、温馨。倾
斜式顶棚为空间带来了适度
的"密闭感"，让人感到放松、
自在。透过复古风的小窗，
可以俯瞰一层的客厅。
【岛田家设计和施工：SALA'S】

为紧凑的小卧室
粉刷上美丽可爱的花色

材质和装修

地面 / 橡木地板

墙面 / 粉刷

N 先生之前在英国生活，当时居住的房间是彩色的，温
馨而亮丽，所以这次装修想把自己的房间也粉刷成彩色
的。于是，卧室墙被粉刷成具有苏格兰风情的蓟花和帚
石楠花的颜色。通顶墙上的室内窗设计很有亮点，站在
窗口还可以和楼下的家人交流。即使关上卧室门，通风
也非常好。
【N 家设计：NOANOA ATERIE】

橡木地板和白色墙壁打造舒适、清爽的卧室

材质和装修
地面 / 橡木地板
墙面 / 灰浆
顶棚 / 露梁

室内地面采用了色彩鲜亮的橡木地板，并将墙面粉刷成白色，十分简洁。宜家的床头柜和无印良品的床搭配得很完美，组合成简洁而温馨的卧室空间。为了不影响睡眠，窗户设计得比较高。"清晨的阳光透过窗户照射进来，落在地板上，让人神清气爽"。

【K家设计：LIFE-LABO 东琦玉】

灰浆地面和白墙营造出洞窟般的氛围

材质和装修
地面 / 灰浆
墙面 / 壁纸，
部分墙面粉刷

从玄关到卧室地面使用的都是灰浆。卧室入口没有安装门，而是设计了线条优美、流畅的 R 形墙壁。宇野先生之前就想将房间设计成具有"洞窟"感觉的房间，装修出来的效果非常理想。墙面都粉刷成了白色，还留有一个小小的透气窗，照明则采用款式简单的地灯。 【宇野家设计：POHAUS】

延伸到阳台的地板提升了空间的开阔感

材质和装修

墙面 / 灰浆

顶棚 / 露结构

顶棚上的结构清晰可见。地板从室内一直延伸至阳台，显得非常开阔。灰浆墙由屋主 DIY 而成，光线经过灰浆墙反射后变得柔和、多彩。挨着邻居家的墙上设计了一个狭长的窗口。既保证了隐私，又可以通风透气，一举两得。

【石川家设计：ATELIER SORA】

左图 / 设置于卧室内的壁橱。出入口被设计成开放式，既省去了安装门的费用，又能保证良好的通风条件，出入也比较方便。

沉稳大气的壁布打造的私密空间

材质和装修

地面 / 三合板地板

墙面 / 壁纸

顶棚 / 壁纸

卧室位于一层，临街而建。窗户设计得比较高，既保证了采光和通风，又保证了安全和室内隐私。壁纸看起来沉稳、大气。地板选用的是一般的三合板，节约装修成本。

【M 家设计和搭配：FILE】

用黑色顶棚和间接照明灯营造静谧的卧室氛围

材质和装修

地面 / 木地板

顶棚 / 壁纸

岸和田先生想要把家装修成没有烟火气的时尚卧室，所以房间采用的是极简设计。为了有助于睡眠，设计师把顶棚粉刷成了黑色。白与黑打造的空间不仅时尚，而且有着强烈的反差美。

【岸和田家设计：KUNIYASU DESIGN WORKS】

图 1/ 卧室旁设置了一个橱柜。橱柜和隔断墙的设计恰到好处，可以遮挡卧室外的视线，省去了安装卧室门的步骤。图 2/ 在顶棚一侧嵌入一盏荧光灯。荧光灯的造型简洁，是常见的直管形，使用起来十分方便。

欣赏着木制顶棚
安稳入睡

材质和装修

地面 / 落叶松木地板

墙面 / 壁纸（基层涂饰用）

顶棚 / 露梁

卧室只是用来睡觉的，所以小一点也没关系。顶棚低一点的话，反而会让人觉得安心。地板与房梁平行，躺在地板上，闻着木材的芳香，很快就能安然入睡。省去了顶棚材料，从而节省了不少装修成本。

【藤本家设计：一级建筑士事务所 M + O】

古典的枝形吊灯雅而不俗

材质和装修

地面 / 松木地板（刷白油漆）

墙面 / 壁纸

门 / 定制（粉刷）

倾斜的深色顶棚和素雅的壁纸，再加上枝形吊灯，一切都是那么典雅、大方。门上镶嵌着方格花纹的玻璃，为了与周围格调一致，门板被粉刷成了紫色。墙上还设计了一个小窗，由于是通顶设计，所以一层的冷气可以直接流通到二层房间里。即使是夏天也非常舒服。
【寺尾家设计和施工：SPACE LAB】

进口壁纸彰显奢华

材质和装修

地面 / 橡木地板（进行做旧加工）

墙面 / 壁纸

卧室的装修参考的是外国杂志。壁纸是从专门经营奢华壁纸和织品的 MANAS 店里购买的。其中一面墙上壁纸的花纹与其他墙面不同，优雅而充满个性，丰富了空间的色彩。
【M 家设计和施工：RENO-CUBE】

儿童房 的材质和装修

白色腰壁简洁且有质感

为了让孩子们可以尽情玩耍，房间里选用的装修材质都是精挑细选的。房间的颜色粉刷成孩子们喜爱的，并且加入了可爱的点缀。推荐大家使用容易清洁的材质，即使脏了也不用担心，维护起来也非常方便。

材质和装修

地面 / 宽大的松木地板

墙面 / 灰浆，部分铺设木板

大儿子的房间简单、清爽，地面选用的是宽大的松木地板，踩上去非常舒服。为了避免过于单调，设计师又在墙四周设计了腰壁。
【岛田家设计和施工：SALA'S】

多彩的儿童房乐趣多多

材质和装修

地面 / 橡木地板

墙面 / 粉刷

中间的置物架把房间一分为二，供姐弟二人使用。以后可以根据需要再安装门。儿子房间中有一面墙被粉刷成橘色，使用的是黑板漆，可以用粉笔在上面写字，充满了童趣。
【N家设计：NOANOA ATERIE】

图1/走廊和儿童房是连通的，中间没有安装门。这种开放式设计有助于家人之间的沟通、交流。图2/女儿房间的颜色是紫色，同样选择的是黑板漆，由全家人一起粉刷而成。顶灯散发着柔和而舒适的光，房间温馨而舒适。

用格子窗和紫色墙打造的儿童房

材质和装修

地面 / 松木地板
（OS打蜡）

墙面 / 壁纸

"能把墙壁粉刷成自己喜欢的颜色，真的是太开心啦！"长女说。淡淡的紫色美丽而梦幻，白色格子窗的设计很棒，即使是刊载到国外设计杂志上也不逊色。床边设计了一个陈列架，各种小物品摆放整齐有序。
【岛田家设计和施工：SALA'S】

实木板顶棚打造宽敞空间

材质和装修

地面 / 松木地板

墙面 / 壁布（TOLI）

儿童房以自然风格为主基调。在白墙的映衬下，松木地板显得淡雅、素朴。客厅、餐厅、厨房和通顶之间设计了四扇可以全开的门。当所有门都打开时，可以听到楼下家人的谈话。要是以后再有孩子的话，可以把这个房间分隔成两个房间。

【名越家设计：PLAN BOX】

用书架隔出来的儿童房
顶棚新颖而独特

材质和装修

地面 / 橡木地板

墙面 / 涂抹 AEP

用书架把兄妹二人的房间隔开的设计非常独特。孩子们可以在书架中间钻来钻去，非常有意思。每个房间都有 $12 m^2$ 大小，就算是放一张床也绰绰有余。

【H 家设计：YURARI ARCHITECTS OFFICE】

右图/位于房间中央的书架直通顶棚。屋主打算以后用背板将其隔成两个完全独立的房间。

用杉木和椴木三合板
打造颜色深浅不一的房间

材质和装修

地面 / 杉木地板

墙面 / 椴木三合板

顶棚 / 椴木三合板

收纳柜（门） / 椴木三合板

儿童房的地板选用的是杉木板，墙面和顶棚则使用了椴木三合板。材料深浅不一的色彩是房间的一个亮点。收纳柜也用椴木三合板建造而成，很完美地融入空间中，不仔细瞧的话，还以为是墙。倾斜的顶棚和阁楼保证了空间的大小。因为以后会把这里隔成两个房间，所以就设计了两个门。
【阿知波家设计和施工：LIVING DESIGN BÜRO】

用自然材质建造带阁楼的儿童房

材质和装修

地面 / 宽大的松木地板

墙面 / 灰浆

姐妹二人的房间都带有阁楼，中间用隔板隔开。松木地板和木门为房间增添了柔和的色彩。为了方便以后把这里隔成两个房间，所以设计了两个门。窗户和橱柜的配置也一样。隔板上设计了一个小窗户，把姐妹二人的卧室连起来。为了适当地遮挡视线，窗户上选用的是有气泡的玻璃。【岛田家设计和施工：SALA'S】

充满童心的空间设计

材质和装修

地面 / 红松木地板，用抹子抹灰浆

墙面 / 壁纸

儿童房选用的是触感舒适的松木板。房间设计别具一格，入口处没有门，可以从土间走廊直接进来。地面错落有致，通过材质划分出不同区域。墙壁的设计很有特色，给人带来适度的"局促感"。
【宇野家设计：POHAUS】

兄妹关系非常融洽，房间的材质和装置都非常有趣

材质和装修

地面 / 地砖（带木纹）

墙面 / 壁纸

儿童房有四个榻榻米大小。装修时设计师巧用立体空间，有效地节省了空间面积。因为兄妹二人关系很好，于是在墙壁上开了扇小窗户。地面用的是带木纹的地砖，不仅耐磨损，打扫起来也很方便，即使弄脏了也没有关系。
【Y家设计和施工：WESTBUILD（IDEAL HOME）】

图 1/ 哥哥的房间内设有攀岩墙，深受来访小朋友们的喜爱。房间门也刷成了孩子们喜欢的颜色。图 2/ 衣柜没有门，高度适中，便于孩子们收取衣物。里面还贴着波点花纹的壁纸，非常可爱。

深色地板和鲜艳墙壁之间的反差让人印象深刻

材质和装修

地面 / 木地板

墙面 / 粉刷

儿童房装修得非常可爱，其中一面墙被粉刷成了蒂芙尼蓝色。与客厅之间的隔墙上设计了旋转式的室内窗，充满了童趣。打开窗户后，不仅可以通风，还可以看到客厅的情景。
【塚田家设计和施工：ARTS & CRAFTS】

左图 / 室内窗是儿童房设计的一大亮点，窗框和墙壁颜色都是白色，看着就像画框一样。打开窗户，色彩鲜亮的墙壁像画卷一样呈现在眼前。

女孩的房间以白色为主色调
男孩的房间以自然风的木色为主色调

材质和装修

地面 / 松木地板

屋主的女儿是小学生，房间的色调以白色为主；设计参照的是巴黎的装修风格。地面使用的是触感极好的松木地板；窗框被粉刷成了白色；桌子也是白色；格子窗与房间的风格也非常搭。
【增田家设计和施工：SALA'S】

右图／男孩的房间装修比较粗犷，窗框和家具没有粉刷，保持着木料原本的颜色。虽然两个孩子的房间风格迥异，却都充满了个性和趣味。

用灰浆墙和倾斜的顶棚打造趣味横生的空间

材质和装修

地面 / 松木地板

墙面 / 灰浆

顶棚 / 灰浆、外露结构

"孩子的房间看起来就像公主房一样"。顶棚呈倾斜状，复古风的结构有序地排列着。为了避免产生局促感，设计师就顶棚的倾斜角度和高度进行了细致的研究。光从窗户照射进来，投射到墙壁上，屋内温暖而梦幻。小窗是在"MOBILE GRANDE"家具店购买的。
【垣本家设计和施工：KI-LIVING】

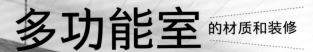

多功能室 的材质和装修

如能增设一个多功能室，专门用来进行 DIY 或者做家务等，生活的格调瞬间就会提升一个档次。

要根据房间的不同用途，选择合适的材质。另外，房间里面的物件也要经过精挑细选。这样才能打造出一个称心如意的空间，待多久都不会感到厌倦。

上图／客厅、厨房、餐厅的隔壁是画室，上面的拱形门巧妙地把空间分隔开。其中一面墙上建了一个可移动式书架，收纳非常方便。

材质和装修

地面 / 木地板（人字形铺设）

墙面 / 灰浆

顶棚 / 铺设木板（粉刷）

窗户 / 木窗框

画室温馨而舒适，倾斜式顶棚用白色木板铺设而成，人字形木地板错落有致。树脂窗户和木窗之间的搭配非常完美。屋主可以在这里做手工，非常惬意。

【竹内家设计和施工：WESTBUILD】

人字形铺设的地板 搭配木窗

嗅着木材特有的芬芳读书或者工作真是一种享受

材质和装修

墙面 / 灰浆

顶棚 / 外露结构

自由室的空间足够大，一进门，树木的芳香就扑鼻而来。左边的书房里，桌子呈 L 形摆放。右边的书房是漫画角，用来收藏屋主喜欢的漫画。
【石川家设计：ATELIER SORA（SORAMADO）】

左图 / 自由室对面是开放式空间，只有一根柱子。屋主打算以后把这里打造成儿童房，需要时随时可以把这里隔成独立的房间。

三种木材有机结合
打造姿态多样的地板

材质和装修

地面 / 枳壳木板、榉木板（人字形铺设）

墙面 / 壁纸

妻子喜欢刺绣和缝纫等手工，所以特意给她设计了这个房间。地板用的是盖房子时剩下的三种木材，做出来的地板充满了个性。枳壳、榉树的芯材和边材混合使用，铺设成人字形。由于现在孩子还小，所以以后这里还兼作孩子的卧室。
【会田家设计：ATELIER KUKKA ARCHITECTS】

右图 / 利用高低错落的地面，为孩子设计了小小的阁楼。既可当作收纳间，也可以作为孩子的游乐场，充满了童趣。

精选材质
装修车库

材质和装修

地面 / 灰浆（压印加工）

墙面 / 砖（粉刷成白色）

　　　　旧杉木脚手架（WOODPRO）

这个空间是兼作游戏室的车库。此外，车库中还摆放了沙发，闲暇时可以在此欣赏电影。地面使用的是灰浆，然后进行了压印加工。墙壁表面贴砖并镶嵌了旧杉木脚手架，看起来比较粗犷，但很有质感。
【木原家设计和施工:NATURE DECOR(大浦比吕志制作设计研究所)】

自己铺设的旧木材
亲切感十足

材质和装修

地面 / 旧木材

墙面 / 硅藻泥

顶棚 / 露梁

玄关旁边是活动室，地板用的是旧木材，便于放置园艺用品。硅藻泥墙和梁材之间的搭配恰到好处。屋里摆放的是屋主妻子喜欢的物品，看起来很像个人工作室。
【内田家设计：PLAN BOX】

灰绿色的墙

充满了"国外"风情

材质和装修

地面 / 仿赤土瓷砖

墙面 / 壁纸（粉刷）

顶棚 / 铁杆（框）、热溶玻璃（气泡型）

房间装修以纽约和巴黎的华丽工作室为模板。地板铺设仿赤土瓷砖，很像土间。墙面上贴的是壁纸，并粉刷成了屋主喜欢的颜色。客厅、餐厅之间的隔墙上设置了室内窗，热溶玻璃（气泡型）和铁框营造出让人惆怅的乡愁氛围。
【O家设计和施工：DEN PLUS EGG】

充满浪漫风情的
灰浆温室

材质和装修

地面 / 灰浆

墙面 / 聚碳酸酯

一路经过客厅、厨房、餐厅，就来到温室。温室是一个半室外空间，把院子和房子很好地连接在一起。夫妇二人都非常喜欢植物，这个空间对他们来说简直是一大福音。为了节约成本，屋顶用的是比较实惠的聚碳酸酯，地面采用的是灰浆。夏天可以把橡胶泳池放在这里，冬天可以放置木材。

【会田家设计：ATELIER KUKKA ARCHITECTS】

彩色小物件搭配白墙，
打造可爱、温馨的角落

材质和装修

地面 / 松木地板（用天然漆 LIVOS 漆成白色）

墙面 / 硅藻泥

设计师在客厅和厨房旁边给孩子预留了一个玩耍的区域，并用拱形墙作为隔断，依墙摆放玩具。内部装饰以白色为主色调，松木地板也用天然涂料粉刷成了白色。窗帘轨在 NORTHERN-LIGHTS（网店）购买，并自己进行了DIY。

【T家设计和施工：FLOWER HOME】

右图 / 在儿童房摆放了一张可以容纳两个人学习的桌子。由于儿童房在厨房旁边，大人在做饭的同时还可以兼顾到房间里的孩子。

屋主亲自动手打造的
粗犷、大气的温室

材质和装修

地面 / 大理石

墙面 / 外露结构

顶棚 / 外露结构

温室和厨房相连，并设有洗衣机，平时还可以做家务。大理石地面是屋主自己铺设的，节约了成本。"先试着把所有的瓷砖都摆好，看看颜色和花纹怎么搭配才自然"。墙壁做得粗犷、大气，据说墙面也是屋主亲自粉刷的。【K家设计：PLAN BOX】

左图 / 装修时，为了方便做家务，特地设置了一些方便、实用的小物件。比如，钢丝只在需要的时候才拉出来，平时则收纳在盒子里。

使用自己喜欢的材质
创造自己想象中的阳光屋

材质和装修

地面 / 大理石

墙面 / 灰浆，部分铺设木板

顶棚 / 旧梁外露

打开玄关门，就可以看到洒满阳光的房间，屋内充满了浓浓的法国咖啡屋风情。地面用大理石铺设，身在屋内，也可以欣赏到屋外的风景。白色的格子窗和旧梁是房间的亮点。
【增田家设计和施工：SALA'S】

粗犷、大气的灰浆土间是孩子们的游乐场

材质和装修

地面 / 灰浆、橡木地板

墙面 / 灰浆，部分涂黑板漆

下图 / 为了让孩子们可以在房间内自由作画，尽情享受涂鸦的乐趣，设计师在其中一面墙上刷上了黑板漆。

土间兼作玄关大厅，非常敞亮。土间没有使用瓷砖，只抹上了灰浆。打开庭院的平开门后，庭院、土间和客厅、餐厅、厨房就会连成一个整体，非常宽阔。"室内、室外都是游乐场，孩子们在这里玩得不亦乐乎"。【加藤家设计：FCD 一级建筑士事务所】

灰浆和旧木材铺设土间
兼作第二客厅

材质和装修

地面 / 外露混凝土、旧木材铺
　　　　设的地板

玄关大厅设计了一个土间，大约有 25 m² 大小，采用的是灰浆地面。大厅地板选用的是旧木材板，虽然有磨损和油漆，却充满了岁月的魅力。为了和周围环境风格协调，门上也刷了漆。"我现在正在淘合适的沙发。以后准备再放一个烧柴火的炉子，在这里和朋友聚会什么的，一定非常舒适。"K 先生说道。
【K 家设计和施工：RYOWA HOME】

图 1/ 土间的混凝土地面裸露在外，与铁制橱柜搭配得十分完美，粗糙却不失质感。家具和杂货是在二手市场淘来的，都摆在这里，闲余时欣赏下，闲适又惬意。图 2/ 土间的空间足够大，屋主经常在这里进行 DIY 创作。

楼梯 的材质和装修

费点心思在楼梯的材质和设计上，楼梯不仅能满足使用需要，还可以让空间变得好玩、有趣。室内楼梯更是如此，精选的材质和装修会使生活充满灵动的色彩。

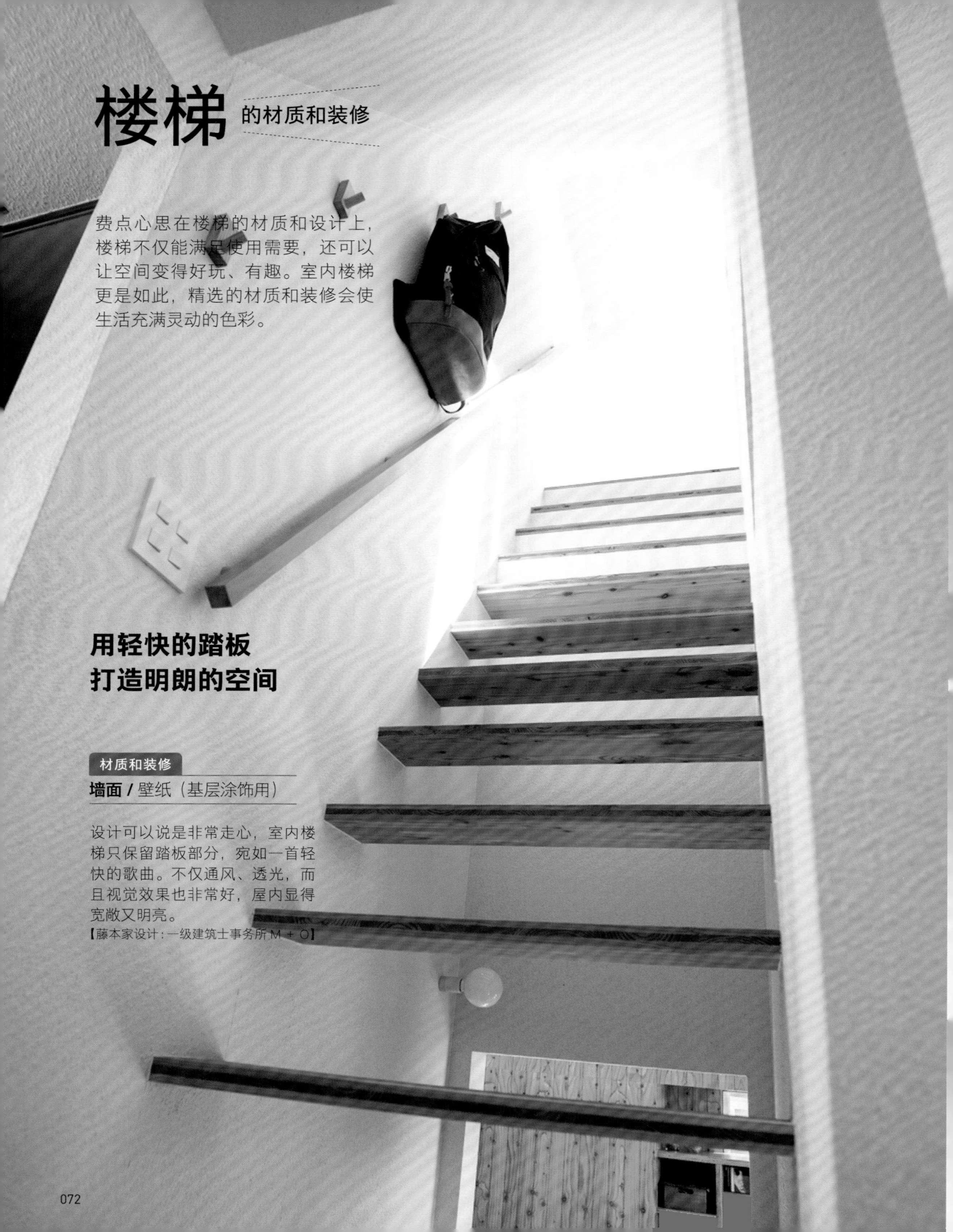

用轻快的踏板
打造明朗的空间

材质和装修

墙面 / 壁纸（基层涂饰用）

设计可以说是非常走心，室内楼梯只保留踏板部分，宛如一首轻快的歌曲。不仅通风、透光，而且视觉效果也非常好，屋内显得宽敞又明亮。

【藤本家设计：一级建筑士事务所 M + O】

松木板和灰浆墙打造如画般的楼梯

材质和装修

地面 / 松木地板

墙面 / 灰浆

拱形门和曲线楼梯的设计非常可爱。位于客厅、餐厅的楼梯设计充满了设计感，制作精良、考究。
【藤川家设计和施工：WESTBUILD】

左图 / 铁制楼梯扶手和栏杆是特别定制的，样式简洁、大方。二层的地板选用的是色彩鲜亮的松木地板。

黑皮铁搭配踏板成就不俗设计

材质和装修

地面 / 土间地面用抹子抹平

墙面 / 柳桉木三合板，
　　　　部分采用硅酸钙板

楼梯 / 铁骨架（黑铁皮）

下图 / 楼梯在大厅的正中间，既有助于通风，又利于家人之间的交流。黑铁皮的扶手触感极好。

土间地板和旧脚手架板材等，用的都是粗犷、大气的材料，装修出的空间个性十足。楼梯只保留了铁骨架和踏板，简约又个性。
【中土家设计：ALTS DESIGN OFFICE】

精选材质打造个性楼梯

材质和装修

地面 / 宽大的松木地板（刷桃木色天然油漆）

墙面 / 灰浆

踏板 / 松木板

栏杆 / 铁栏杆

空间设计个性十足，二层带有餐厅、厨房，从二层到三层之间的楼梯是两段式。此外，还设置了客厅和活动室。使用铁栏杆、松木踏板和白色灰浆墙装修出来的空间简约、自然。据说屋主的孩子和朋友对圆形平台的设计非常满意，觉得好像城堡一样。
【Y 家 设 计 和 施 工：WESTBUILD（IDEAL HOME）】

右图／设置于楼梯旁边的书架非常方便，"在二层读完书后不用再跑到三层去，直接放还到这里就可以了"。拿了书后可以直接坐在楼梯上看，楼梯的拐角设计也是一大亮点。

充满质感的黑色螺旋楼梯 让空间显得非常紧凑

材质和装修

地面 / 土间、实木地板

墙面 / 灰浆

顶棚 / 外露结构

内部装修主要使用实木地板和白色灰浆。黑色螺旋式楼梯不仅使空间变得灵动，还能节省空间。只保留骨架不含挡板的楼梯看起来轻巧、灵便。由于不会遮光挡风，整个楼梯看起来非常明亮。
【永田家设计：ATELIER SORA】

简洁又不失存在感的楼梯

材质和装修

地面 / 杉木地板（没有上油漆）

楼梯 / 结构材料

楼梯如东光夫人所愿，设计成了"如摞箱子那样的形式"。楼梯的骨架部分用结构材料包起来，建成后的样式十分独特。扶手像附在宇宙中一样，造型新颖。带着轻松、玩耍的心态来做设计，反而获得了意想不到的效果，这是室内设计中一个很好的例子。

【东光家设计和施工：BUILD WORKs】

位于一侧的橡胶木楼梯使空间充满创意

材质和装修

地面 / 橡木地板

墙面 / 乙烯基壁纸

楼梯 / 橡胶木

楼梯的设计很有特点，没有直通屋顶，而是在中途改变方向。细细的扶手也是室内的一个亮点，采用的是价格较低的橡胶木，节省装修成本。

【杉木家设计：FREEDOM ARCHITECTS】

圆柱形支架充满韵律感

材质和装修

地面 / 桦木地板

墙面 / 涂抹 AEP

排列整齐的圆柱形支架充满了节奏感，整个楼梯给人明快、轻松的感觉，与家中的北欧经典家具默契十足。作为客厅的一道风景，光是看着这种设计就会让人心生愉悦。楼梯旁墙壁上设计的壁龛也很有特色，镶嵌着改造前家中的旧玻璃。

【中村家设计：YURARI ARCHITECTS OFFICE】

用自然材质和
古色古香的小玩意儿
打造温馨、舒适空间

玄关 的材质和装修

玄关是个至关重要的地方，它决定着客人对屋主家的第一印象，所以想把这个空间打造成有特色的一隅。为了实现这个目标，设计师开始精心琢磨各种材质的搭配方法、收纳空间的制作方法，以及怎么布置墙面才能让客户看着很舒心。

材质和装修

水泥地 / 无釉砖
地面 / 橡木地板
墙面 / 灰浆

赤土色无釉砖水泥地和橡木地板两边是白灰浆墙。木制客厅门和墙上古色古香的挂钩使空间充满了温暖的气息。垂饰状的照明灯是在Atelier Key-men工作室定做的。无论是材质的使用还是物品的选择都丝毫不含糊，这样才会拥有与众不同的空间。

【竹内家设计和施工：WESTBUILD】

用马赛克瓷砖打造华丽的房间

材质和装修

地面 / 瓷砖（ADVAN）、橡木地板

墙面 / 硅藻泥

玄关门 / 玻璃纤维门

用硅藻泥和橡木地板装修出来的空间看起来温馨、有质感，瓷砖又为这个空间增添了一份妩媚。家人可以从里面的鞋柜区上来，客人则可以从眼前的玄关厅上来。由于省去了门，所以节约了一定的成本。
【K家设计：PLAN BOX】

右图 / 连接玄关与客厅、餐厅和厨房之间的地面采用拱形设计，很自然地指引着行动路线。

用白色地砖打造
清凉、舒适的空间

材质和装修

地面 / 瓷砖（LIXIL）

墙面 / 壁纸

地面使用白色瓷砖铺设而成，墙壁和顶棚统一选用白色，使整个玄关显得简洁、明快。为了方便出入，将水泥地设置得比较低。这样一来，水泥地与室内的高度差就变大了，左手边的台阶恰好可以当作凳子来用。地窗的光投射进来，整个空间显得更加敞亮。
【山崎家设计：POHAUS】

图 1/ 壁橱，从水泥地可以穿着鞋过来在此换鞋。由于壁橱空间足够大，所以收纳不成问题，甚至还可以放置高尔夫包，从而保证了玄关的整洁。图 2/ 楼梯的上部有一个正对着阳台的窗户，天气晴好的日子，阳光从窗户投射过来，可以看到晴朗的天空。客厅、餐厅及玄关会给人带来豁然开朗的感觉。

土间玄关处设计有小台阶，位置稍高

材质和装修

地面 / 灰浆

墙面 / 壁纸

玄关门 / LIXIL

水泥地与鞋柜相连。正面是中庭和木制台，视野十分开阔。灰浆墙简洁、大方，木制台用木板均匀地铺设。

【K家设计：LIFE-LABO 东琦玉】

大理石瓷砖与格子门的绝妙搭配

材质和装修

地面 / 大理石瓷砖（MARUSHIKA Ceramics）、
　　　 菠萝格实木地板

墙面 / 灰浆

室内门 / 进口门（上漆）

玄关处的地面采用天然大理石瓷砖铺设而成。正面的门是进口产品，为了配合地板颜色，粉刷成了现在的颜色。设计师还在鞋柜入口处的拱门内设置了壁龛，为空间增加了柔和的表情。

【藤川家设计和施工：WESTBUILD】

图1/ 拱门里面是鞋柜，由于空间足够大，所以除了鞋之外，还放置了一些外出游玩时的用具。左手边是一个小储藏室，再往前是厨房。图2/ 壁龛四个角的部分带有粉刷墙所特有的圆弧。下层采用了旧木料，以凸显摆放的物品。

1

2

杉木门和木板顶棚为窗外的绿意增添了温暖感

材质和装修

地面 / 灰浆（30 mm）、
　　　　桦木地板

墙面 / 天然火山灰
　　　　（日本 MTECS）

顶棚 / 木板

玄关门 / 推拉门（加拿大杉木）

进入玄关后水泥地就在眼前铺展开来。正面是院子，除了玄关门之外，还有一个推拉门，位于院子和顶棚之间。推拉门比较有特色，直达顶棚。打开推拉门后，室内外形成一个宽敞的整体。为了御寒，在玄关过道处准备了一个储热式暖气机。
【K 家　设　计：KAZUHIRO SENO + ATELIER】

土间里的灰浆外露，
空气中散发着舒适的气息

材质和装修

地面 / 灰浆外露

墙面 / 硅藻泥

玄关与土间相连，视野很开阔，一眼可以看到正面庭院。土间左右两边分别是餐厅、厨房与客厅，还设计了通往二层的楼梯，可以说此处是设计的核心部分。土间的灰浆墙粉刷得比较不拘小节，上面的抹子印清晰可见。雨天孩子出不去时可以在这里玩闹、嬉戏。
【竹若家设计：PLAN BOX】

右图 / 玄关采用推拉门设计。推开后，玄关和庭院连成一个整体，通风良好。

用窗帘打造
别具风情的玄关

收纳间用窗帘隔开，无论是拉开还是合上，都非常轻松自如，节约成本的同时还为空间增色。

玄关处设有水泥地和台阶，即使来很多客人也可以从容接待。里面的空间较大，除了当作鞋柜之外，还可以放置吸尘器等大件物品。

【小畑家设计：FREEDOOM ARCHITECTS】

曲线优美的过道和顶棚
为空间增添了妩媚感

材质和装修

地面 / 灰浆、柳木地板

墙面 / 灰浆（LIVOS 的 CALK WALL）

玄关处采用的是曲线式过道。灰浆墙上安装了一个
狭窄的置物架，用来放置画板和小物件。右手边的
窗帘里面是一个储藏室兼鞋柜。此外，还可以放置
些小物件。
【和田家设计和施工：SUMA-SAGA】

用大气、狂野的纹理
打造个性空间

材质和装修

地面 / 混凝土地面的土间

墙面 / 落叶松胶合板

玄关处的设计新颖，让人印象深刻。为了与混凝土
地面的土间和落叶松胶合板搭配，特意选择了外形
大气、狂野的木板。胶合板上装有置物架和挂钩，
用来收纳鞋子和头盔。由于置物架较高不会碍事，
所以换鞋的空间也比较宽敞。
【木暮家设计和施工：STYLEKOUBOU】

内外地砖整齐、统一，打造深度空间

材质和装修

地面 / 瓷砖、橡木地板

玄关门 / 木制（门的底部用不锈钢加强）

柜子 / 橡木（木工制作）

从玄关门廊至水泥地铺设的是同一种地砖，这样可以使空间看起来比较宽敞。入口处使用的是屋主喜欢的木门，由于门的下部极易损坏，所以用不锈钢做了补强处理。
【村崎家设计和施工：DEN PLUS EGG】

图 1/ 鞋柜设计新颖，由专门做家具的工匠制作，采用的是与地板一样的材质——橡木，可以看到鞋柜里面摆放得整整齐齐的鞋子。图 2/ 门的旁边镶嵌了一块窄窄的玻璃，光线很自然地投射进来，把空间折射得明亮、温暖。

灰浆 +AEP 涂料，打造简洁大方的玄关

材质和装修

地面 / 灰浆

墙面 / 涂抹 AEP

顶棚 / 柳桉木三合板

室内比换鞋区高 3 cm，地面全部刷灰浆。从入口玄关到里间的阳台都是土间，就像狭长的隧道一样。据说整个土间的费用包含泥瓦匠的手续费在内，和木地板价格差不多。
【K 家设计：STRAIGHT DESIGN LAB】

左图 / 打开玄关和阳台的窗户后，风嗖嗖地钻了进来，尤其是夏天的时候，非常舒爽。右图 / 楼梯只有踏板，阳光透过玻璃暖暖地照在上边，二层传来孩子嬉闹的声音，岁月美好如歌。

采用非常规瓷砖铺设法
打造新颖空间造型

材质和装修

地面 / 瓷砖

墙面 / 壁纸（上漆）

地面铺设了瓷砖，线条错落有致，仿照的是京都一家咖啡屋的风格。宽 60 cm 的地砖是屋主特意订购的，请人加工后让贴砖工人随意铺设。打开门，绿意就在眼前蔓延开来。
【岸本家设计和施工：WILL】

混凝土的质感与旧脚手架板材完美搭配

材质和装修

地面 / 橡木地板

顶棚 / 外露混凝土结构

置物架 / 旧脚手架板材

土间、混凝土顶棚与旧脚手架板完美搭配。水泥地在横向上进行了加长，有效地扩展了这部分的空间。即使是全家人一起出门，也不会彼此妨碍。地板面加设成细长的样式，用来放置大人和孩子的物品。
【N 家设计和施工：RENO-CUBE】

右图 / 利用旧脚手架和环保箱做了一个鞋架。由于是开放式设计，因此免除了湿气的困扰。

案例 2

酷劲十足 结构材料和铁杆打造的宽敞土间

深津先生（京都府）

这是一个幸福的四口之家，分别是资深体育爱好者深津先生、从事 WEB 设计的深津太太，还有在上幼儿园的两个孩子——优来和羚。这原本是深津先生邻居的房子，后来因为邻居搬走，深津先生就买了下来，并进行了重建。

Dining

下图 / 把楼梯设置到餐厅一隅，既方便又能收纳物品。下面是蓄热式供暖机。开放式置物架用三合板制作而成，造型别致，上面摆放着书、小物件等物品，巧妙地遮住了门里面的调制解调器。楼梯上细细的铁栏杆为空间增添了妩媚感。

用混凝土和结构用合板等材质 打造粗犷、大气的室内风格

土间和餐厅合二为一，地面铺设的是混凝土，不仅节约了费用，而且使空间显得粗犷、大气。厨房柜台简洁、实用，在混凝土砖块上面放置铁板后建造而成。灯泡如排列布阵般错落有致，给空间增添了妩媚的色彩。

地面
混凝土地面的土间

墙面
OUGAHFASER + DUBRON 涂料、竹炭壁布、PORTER'S PAINTS、砖

楼梯
结构用合板

扶手
铁杆

柜台
混凝土砖块、铁板

Living

"我非常想把这面墙设计成这样"，因此在其中一面墙上铺设了旧木板。格子状设计是这个家的象征，外部采用了同样的设计。细细的铁杆为空间增添了硬朗感。

巧用不同材质
打造治愈空间

卧室的地面用的是复古风的栎木地板。墙面用的是竹炭壁纸，价格比乙烯基壁纸要贵，但比粉刷墙便宜。顶棚处的结构露在外面，没有用材料包裹，节省了成本。

地面
质朴的栎木地板

墙面
竹炭壁纸、旧木材

顶棚
外露结构

从土间的餐厅可以分别进入客厅和厨房。室内窗不仅可以分割空间，还方便了家人之间的交流。

上图 / 厨房收纳柜不仅美观,而且方便收纳。将开放式置物架处的墙粉刷成了蓝色,可以作为装饰。左图 / 厨房的拉门有两扇,其中一扇可以活动。深津先生家是在拉门里设置的置物架,如果使用现成置物架会更省钱。

itchen

功能性厨房设计简单,
宽敞的收纳柜使用方便

厨房重视的是实用性,所以选用的是款式简单、功能齐全的物品,并设置在起居室看不见的位置。厨房与客厅之间的隔墙上贴有花砖,并设计了室内窗。

地面
质朴的栎木
地板

墙面
OUGAHFASER + DUBRON 涂料、竹炭
壁布、PORTER'S PAINTS

厨具
主体:现成品(I形,宽 255 cm)
抽烟机:SANWACOMPANY
水龙头:现成品

据说深津先生在网上找装修公司时，输入的关键字是"有土间的家"。他觉得，"带有混凝土土间、旧脚手架板、铁杆的空间棒极了"！在符合条件的多家公司中，他相中了 ALTS DESIGN。于是他拜访了这家事务所，并参观了 OB 住宅，"由于对其住宅风格非常满意，所以决定委托这家公司来设计自己的家"。

计划开始后，应该优先考虑的是材质和设计，而不是房间布局。深津先生在网上参考了大量装修案例，并收集了自己喜欢的风格的照片。然后，他把这些照片逐一发送给 ALTS DESIGN 的水本先生。

但是等深津先生看到设计图纸的时候一下就懵了，因为他发现土间占的地方真的是太大了。"这么大的地方都是土间，是不是不太好啊？"深津先生非常不安地问水本先生，他甚至一度想把土间面积缩小些。水本先生就劝他说："一旦缩小的话，就会打破整体的平衡感。而且缩小出来的部分还要铺地板，这样的话，成本就会增加。"被水本先生这么一劝，

深津先生才定下心来，决定保持原来的大小。深津太太比较在意设计的路线是否方便做家务。据说用邮件多次沟通之后才最终敲定了方案。厨房紧挨着家务室和橱柜。"幸好当初考虑得比较全面，现在住起来才会这么方便"，深津太太笑道。

无论材质还是设计都经过设计师精心的考虑，所以不仅节约了成本，效果也非常出彩。混凝土的土间也是如此，这也算是深津先生家的一大特色。基层处理时剩下的三合板被直接用在了楼梯上。客厅顶棚处的结构材料没有刻意包饰起来，而是自然地露在外面。厨房柜台处原本打算贴瓷砖，但是考虑到设计和成本问题，最后选择了混凝土砖。收纳柜的门也从三扇减少为两扇。安装有置物架的墙被粉刷成了蓝色，厨房因为这片蓝而变得轻快、亮丽。

诸如此类的精致细节还有很多。比如，精挑细选的开关虽小，却不失美感；洗脸间和卫生间的灯是在同一家工作室定制的。每次看到这些富有个性又充满设计感的手工作品，就会觉得非常舒服。

巧用瓷砖
打造彩色开放式置物架

Sanitary

瓷砖和木制柜台
营造清爽空间

木制柜台上镶嵌有实验用水槽。蓝色墙砖、木框镜及在金属作家工作室定制的照明灯打造出精致、素雅的空间。

柜台	洗脸盆	镜子
木制	TOTO	木框（制作）

照明灯	墙面
定制	花砖，部分为马赛克瓷砖

全家人的衣帽间设在一层。无论是早上出门还是洗澡都很方便。虽然儿子现在很小，但是已经可以打理自己的衣物。

Kid's room

用灵动、别致的顶棚和黑板墙打造欢乐空间

儿童房的墙是和朋友们一起DIY的，把其中一面做成了黑板墙。上面留有庆祝小羚生日时的插图，充满了童趣。木地板方便打理，即使弄脏了也能很快收拾干净。

地面
现成木地板

墙面
竹炭壁纸、黑板漆，粉刷

顶棚
外露结构

上图/黑板墙对面的墙粉刷成黄色，这种颜色是设计师从将近300种颜色中挑选出来的。鲜亮的颜色与孩子们活泼的性格非常相符。下图/这片区域目前没有设置门，将来如果需要的话会安装一个。儿童房前面的大厅里设置了很长的柜台，等孩子再大一点，可以当作学习场所来使用。

墙壁是和朋友一起 DIY 而成

　　墙壁的粉刷是跟朋友一起DIY的，既节约了成本，又留下了美好的回忆。深津先生在社群里试着问了一下，竟然有8个家庭来帮忙。孩子们玩累了，就和爸爸们一起去公园散会儿步。等全部粉刷完以后，朋友们还会过来看看，美滋滋地问："我刷的墙怎么样，棒吧？"

　　家里到处都是朋友们留下的温馨回忆。双层墙是设计的一大亮点，间接投射进来的光线柔和又不失明亮感。夏天的时候，还能削弱炎热感。深津太太对宽敞的土间设计非常满意，孩子们在里边玩得也非常尽兴。深津先生很喜欢运动，室内外连在一起的设计满足了他的爱好。总而言之，大家在这里住得非常舒心。

卫生间在土间玄关一角，复古风的木板墙和蓝色墙壁形成了鲜明的对比。卫生间紧凑而实用，不锈钢洗脸盆小巧而精致，设置在角落处，不仅使用方便，而且节省了空间。

Bedroom

蓝色墙壁营造舒缓空间

与阁楼相邻的卧室墙上开了一扇窗，从窗户向下望去可以看到栽种的绿植。倾斜式顶棚营造出沉稳的氛围，蓝色墙壁是屋主自己动手粉刷的。

地面	墙面
现成木地板	竹炭壁纸，粉刷

为节省成本，地板旁边的橱柜门用窗帘代替。

屋顶
铝锌合金镀层

外墙
水泥砂浆

这里的住宅比较密集，为了在保护隐私的同时又能获得敞亮感，就设置了双层墙以便于把窗户遮起来。草地前面是木栅栏。正面的外墙进行了粉刷，看不见的外墙部分没有粉刷，节省了成本。

详细信息

家庭构成：夫妻俩 + 两个孩子
占地面积：198.30 m²
建筑面积：61.42 m²
总面积：103.47 m²
　　　　一层：59.96 m²
　　　　二层：43.51 m²
结构和工法：木造两层楼（集成木材构件方法）
工期：2015 年 11 月—2016 年 4 月
主体工程费用：约 130 万元
（此外，24 小时通风换气大约 1.8 万元，储热式暖气机大约 2.1 万元，照明器具工程大约 1.8 万元，室外设施工程大约 7.6 万元，设计费用占总费用的 10%）
设计：株式会社 ALTS DESIGN OFFICE
网址：http://alts-design.com

Entrance

木质玄关
简单而又质感
阶梯式鞋柜设计
非常出彩

玄关上设计了一个阁楼，用来收纳不同季节的用品。楼梯式鞋柜的设计非常可爱，顺着楼梯可以直达阁楼。

地面
混凝土土间

墙面
部分木板做旧

设计的重点

ALTS DESIGN OFFICE

水本纯央　小林广美

深津先生家的设计理念是"窗之家"。从外面几乎看不到窗户，但进入到室内就会发现有很多窗户。为了达到这种效果，室内采用了双层墙设计。墙之间栽种着带坡度的草坪，植物从窗户和开口处探出头来，室内外都充满了自然的气息。当然，根据预算选择合理的设计也非常重要。深津先生家一层用材比较讲究，二层选用的主要是成品。这样，材质价格既有贵的也有亲民的，整体在预算范围内。

2F

1F

PART 3

定制家具、门窗、把手、开关等

的材质和装修

定制家具 的材质和装修

为了避免空间浪费，在制作家具时可以将地面、墙面等室内装饰的材料的颜色和材质统一，并结合室内装饰的品位进行制作。建议大家花些时间在门和置物架的设计上，会获得意想不到的效果。

个性十足的置物架
是客厅、餐厅、厨房的亮点

材质和装修

地面 / 橡木地板

墙面 / 乙烯基壁纸

置物架 / 椴木三合板

玄关和餐厅之间没有建造隔墙，而是用定制置物架进行了分隔。部分位置特意设计成中空的样式，这样即使身在厨房，也可以看到玄关的情况。为了节约费用，置物架使用的是价格亲民的椴木三合板。

【杉本家设计：FREEDOM ARCHITECTS】

玄关处的入墙鞋柜

材质和装修

地面 / 灰浆

墙面 / 乙烯基壁纸

玄关门 / YKK AP

水泥地和土间一样，用的都是灰浆。鞋柜门、墙壁和顶棚都是白色的，很自然地与环境融为一体。地面和顶棚都是开放式的，所以丝毫不觉得有局促感。
【杉木家设计：FREEDOM ARCHITECTS】

以墙面作为鞋柜的背面，节省了费用。

书架直达顶棚，创意满满

材质和装修

地面 / 桦木地板

墙面 / 天然火山灰（使用滚筒粉刷）

顶棚 / 外露式房梁（天龙杉）

下图 / 书架下方开设了小窗口，风通过清扫窗吹进来，舒适而惬意。为了防止书掉下去，在窗户外还设置了阳台。

在临路的墙上做了一个大型书架。因为全家人都非常喜欢读书，所以就设计了这样一个特别能收纳的书架。书架造型与顶棚梁相呼应，让室内充满了自然的气息。
【K 家设计：KAZUHIRO SENO + ATELIER】

好看实用的椴木三合板推拉门

材质和装修

地面 / 橡木地板

墙面 / 硅藻泥

面板 / 椴木三合板

厨房背面设计了一个大型收纳柜，拉上门之后，杂乱的物品都被完美地隐藏起来，看起来干净、清爽。椴木三合板的面板素雅、美观，与整个房间的风格融为一体。置物架放置在屋主喜欢的位置，上面摆放着餐具、家电、箱子等物品。
【O家设计：ATELIER HAKO ARCHITECTS】

铁杉木制作的鞋柜和收纳门带着温暖的质感

材质和装修

地面 / 无釉砖、松木地板

墙面 / 灰浆

鞋柜、收纳柜 / 铁杉木

玄关充满了自然元素，令人心旷神怡。土间用无釉砖铺设而成，地面为松木地板，墙面使用灰浆粉刷。鞋柜和收纳柜门使用的是铁杉木，与整个房间形成和谐的统一体。为了便于通风，收纳柜门采用了百叶窗的设计。
【福永家设计和施工：SALA'S】

收纳柜的颜色和设计
与墙壁形成有机的统一体

材质和装修

地面 / 混凝土

地面 / 樱木地板

玄关处，白色的墙壁与木纹肌理形成了强烈的色彩碰撞，张扬而富有魅力。玄关处的收纳柜从地面直通到顶棚，可以收纳很多物品。收纳柜和及腰高的鞋柜与墙壁自然地融为一体。收纳柜里设有插座，以便给吸尘器充电。
【T家设计：L.D.HOMES】

右图 / 百叶门里设有用来通风换气的窗户，还可以用来放置客人的拖鞋。

木制开放式
置物架
是空间的
设计亮点

材质和装修

顶棚 / 外露混凝土

玄关小巧而紧凑，依墙设计了开放式置物架。木质置物架为白色和灰色空间增添了温暖的质感。置物架能防潮且可移动，用来收纳家人的鞋子。
【木元家设计和施工：YUKUIDO】

电视架宛如飘浮在宇宙中，
设计别出心裁

材质和装修

地面 / 橡木地板

墙面 / 乙烯基壁纸

客厅的地板采用复式楼梯设计。为了避免电视架过于拥挤，把录像设备全部收纳起来，这样看起来比较清爽、利落。【杉本家设计：FREEDOM ARCHITECTS】

门 的材质和装修

需求不一样，选择的门也不一样。无论
是平开门还是推拉门，在材质和颜色选
择上下点功夫，都可以成为空间亮丽的
点缀。这样，无论是实用性还是观赏性，
都能获得最佳效果。

带有梦幻色彩的门
是空间的点睛之笔

材质和装修

地面 / 松木地板　　　　**墙面** / 乙烯基壁纸

门 / 木门（镶嵌 B'S SUPPLY 原创设计的复古风玻璃）

镶嵌有复古风玻璃的门把玄关和客厅连接在一起，门是
在房屋建筑商"B'S SUPPLY"购买的，前、后两面的
颜色不同，玄关那侧是白色的，而室内那侧却是绿色的。
【Y 家设计和施工：B'S SUPPLY】

波纹形玻璃墙
既美观又有遮挡作用

材质和装修

地面 / 橡木地板（上白油加工完成）

隔墙 / 波纹形玻璃

房间设计不是全封闭的，但是为了营造出适度的密闭感，
就在餐厅和客厅之间设计了玻璃隔墙。原本打算用壁板
做隔墙，考虑到经费问题就改用了玻璃，效果却出乎意
料地好，整个空间看起来个性十足又时尚。
【N 家设计和施工：COM - HAUS】

巧用百叶帘
让空间变得更有情调

材质和装修

地面 / 樱木地板

用玻璃推拉门把客厅和玄关大厅隔开，木制百叶帘与地
板颜色一致。百叶帘放下来之后就形成完美的隔墙，通
风效果也非常好，一举两得。
【T 家设计：L.D.HOMES】

把门粉刷成
自己喜欢的颜色

材质和装修

地面 / 桦木地板　　**墙面 /** 乙烯基壁纸

门 / 进口门（油漆而成）

儿童房的门是进口的，姐妹两人分别喜欢粉色和紫色，于是把门粉刷成了她们各自喜欢的颜色。圆圆的陶制门把手设计也让人眼前一亮。
【藤川家设计和施工：WESTBUILD】

用格子拉门
对空间进行
完美分割

材质和装修

地面 / 松木地板（采用人字形铺设，粉刷天然漆）

墙面 / 灰浆

客厅和工作室相连，中间用精致的灰色拉门隔开。拉门上面镶嵌有格子状玻璃，显得敞亮、干净。工作室的地板呈人字形铺设，为室内增添了亮点。
【藤川家设计和施工：WESTBUILD】

使用折叠门
有效节省空间

材质和装修

水泥地 / 灰浆（用抹子压实、抹平）

墙面 / 乙烯基壁纸（丽彩）　　**玄关门 /** LIXIL

为了提升空间的开阔感，在水泥地一角设计了折叠门，最里面是收纳空间。折叠门适用于紧凑的空间，比如玄关等地方，可以有效节省空间。
【小松家设计：ATELIER HAKO ARCHITECTS】

马赛克大理石地板
和浅绿色大门
别有一番风味

材质和装修

地面 / 马赛克大理石

地面 / 松木地板（OS 打蜡）　　**墙面 /** 灰浆

走进玄关，首先映入眼帘的是复古风的门。地面上的大理石瓷砖与绿色的门形成了绝妙的搭配，门内是鞋柜。
【中山家设计和施工：SALA'S】

复古风的室内门
存在感十足

材质和装修

地面 / 松木地板

墙面 / 灰浆

门 / 木门

客厅门选择的是原木色门，素雅的颜色使人心情舒缓、放松。门上复古风的玻璃是从 PINE GRAIN 古董店淘来的。

【岛田家设计和施工：SALA'S】

复古风的拉门
是空间的亮点

材质和装修

地面 / 大理石

墙面 / 硅藻泥

从餐厅、厨房到卫生间的入口，屋主一直想用复古风的门窗隔扇。最后在 ANTIQUE YAMAMOTO SHOTEN 发现了这个拉门。

【竹若家设计：PLAN BOX】

定制的粗犷、大气的橡木门

材质和装修

地面 / 橡木地板

门 / 橡木（定制）

厨房门是在建筑开发商开设的 CAMP 店中定做的。和地板一样，厨房门使用的也是橡木，从而保持了整体风格的一致。在玻璃和门把手的选择上也费了一番工夫，当然，功夫不负有心人，效果还是非常不错的。

【M 家设计和施工：ATELIER YI：HAUS】

用触感舒适的木门营造舒适的客厅氛围

材质和装修

地面 / 橡木地板

墙面 / 灰浆

门 / 木门

带有复古风格的客厅门是在 PINE GRAIN 定做的，散发着成品无法比拟的魅力，玻璃上的细节也别有一番风味。

【增田家设计和施工：SALA'S】

自己粉刷的
松木门

材质和装修

地面 / 松木地板　　**墙面** / 硅藻泥

门 / 松木（油漆而成 /A.DESIGN 原创设计）

松木门是在翻修公司 A.DESIGN 原创设计购买的，然后屋主亲自动手将其刷成喜欢的颜色。玻璃和把手等小物件选的都是屋主喜欢的类型，打造出具有个人特色的风格。
【T 家设计和施工：A.DESIGN】

具有复古风的
独特设计

材质和装修

地面 / 橡木三层板（符合装地暖要求）

墙面 / 粉刷　　**门** /STYLEKOUBOU 原创设计

客厅门是装修上的点睛之作，在 STYLEKOUBOU 定制而成。考虑到走廊的采光问题，因此选择了玻璃面积较大的门。同时为了保证整体风格的和谐，还把门刷成了复古风的样式。
【原川家设计和施工：STYLEKOUBOU】

精加工成深蓝色的门

材质和装修

地面 /合板(粉刷)

墙面 / 混凝土

门 / 原创设计

卧室采用复古风格的门。粉刷后再用锉刀进行打磨，形成了独具特色的门，给室内增加了亮丽的点缀。
【M 家设计：EIGHT DESIGN】

灰浆墙配蓝色门，奢华又时尚

材质和装修

墙面 / 灰浆

因为屋主想要装修出如咖啡屋般的房子，所以把客厅门漆成蓝色，与灰浆墙相得益彰。还设置了一个类似壁龛的开放式置物架，用来收纳杂物。
【藤田家设计和施工：NU BY RENOVATION】

室内窗 的材质和装修

室内窗既是空间亮点，又能增加童趣。在隔墙中嵌入窗户，使整个空间变得很有趣，大家不妨尝试下这种设计。认真选择窗户的大小、窗框的材质及玻璃的设计，会让整个房间的氛围发生变化。

相连的九扇窗户犹如咖啡屋一般

材质和装修

地面 / 橡木地板

室内窗 / 定制

门 / 松木

客厅地面使用橡木地板，非常舒适。客厅隔壁是工作间，中间的隔墙上安装的室内窗成为屋内的一个亮点。设计独特的白色框架是在家具店定制的。室内窗的上下部分是固定好的，中间部分则可以开合，与墙壁的搭配堪称完美。

【白石家设计：IS ONE 有限会社】

玄关的气质透过彩色玻璃自然地流露出来

材质和装修

地面 / 橡木地板

墙面 / 灰浆，部分铺设花砖

客厅墙壁中嵌入了设计简单的彩色玻璃，是房间中的一个亮点。窗户与玄关遥遥相对，在窗户处可以清楚地看到家人从玄关进出的样子。紧凑的小型玄关及室内窗所使用的材料都很考究，整个空间温馨、舒适。

【竹内家设计和施工：WESTBUILD】

室内的铁框窗是空间中的点睛之作

材质和装修

地面 / 橡木地板

（自然涂料涂刷而成）

室内窗 / 黑铁皮（定制）

在客厅与玄关间的墙壁上设置了铁框窗。不论是黑铁皮的材质还是流畅的设计都非常棒，提升了整个空间的格调，使玄关开阔、明朗。铁框窗是在建筑开发商开设的商店 CAMP 定做的。
【M 家 设 计 和 施 工：ATELIER YI：HAUS】

使用和式风格的门窗隔扇，朴素的基调令人赏心悦目

材质和装修

地面 / 波尔多松木地板

墙面 / 粉刷

楼梯空间设置了隔墙，利用和式门窗隔扇安装了室内窗，提升了室内整体的空间感。波尔多松木地板、粉刷过的墙及眼前的沙发弥漫着让人熟悉、亲切而又温馨的感觉。
【本多家设计和施工：B'S SUPPLY】

镶嵌于灰浆墙上的
铁质窗户自成一景

材质和装修

墙面 / 灰浆　　**顶棚 /** 灰浆

柜台 / 贴瓷砖　**柜台（门）/** 牛奶漆

室内窗的铁质窗框是定制的，窗框的粗细也很有讲究。有了这个设计后，大人在做饭的同时还能兼顾到在客厅、餐厅玩耍的孩子，非常方便。客厅、餐厅、厨房的整体格调都是田园风格，带有强硬特质的金属材质恰似一种调节剂。
【藤川家设计和施工：WESTBUILD】

复古风的室内窗使客厅
看起来低调、奢华

材质和装修

地面 / 橡木地板

墙面 / 灰浆

餐厅、厨房与客厅之间用墙隔开，并在墙上开了一扇窗，三者完美地形成和谐、统一的整体。此外，还可以通风透光，一举多得。橡木地板和厚厚的灰浆墙配以室内窗，田园风格中带点古色古香的美感。
【增田家设计和施工：SAIA'S】

木质窗户
给人以轻松感

材质和装修

地面 / 橡木　**墙面 /** 灰浆

厨房是独立的，与客厅、餐厅之间设置了开口部。上部镶嵌有种类、大小不同的玻璃，别有一番趣味。在走廊之间的隔墙上设置了上、下两扇可爱的室内窗，不仅能起到点缀作用，还方便采光。
【山中家设计和施工：ANEST ONE】

墙面上镶嵌的玻璃块
将空间点缀得十分可爱

材质和装修

墙面 / 灰浆

厨房走廊侧的墙壁上镶嵌了玻璃，不仅可以透光，还将整面墙点缀得非常可爱。对侧是玄关大厅，原本简单无趣的走廊也因此充满了生机。
【藤田家设计和施工：NU BY RENOVATION】

彩色玻璃将楼道
衬托得无比华美

材质和装修

墙面 / 灰浆

柜台 / 马赛克瓷砖

洗手池 / 科勒（KOHLER）

水龙头 / 高仪（GROHE）

彩色玻璃 / 定制

带有花纹和方格纹的彩色玻璃是定制的，镶嵌在一层卫生间的墙壁中。从玄关走向客厅、餐厅的时候，人的目光会不自觉地被这种光线吸引。
【藤川家设计和施工：WESTBUILD】

古色古香的室内窗和并排
安装的两个门是设计亮点

材质和装修

墙面 / 壁纸

在儿童房的墙壁上安装了一个古色古香的室内窗。从过道可以看到孩子在房间里的样子，无论是大人还是孩子都很安心。两扇门虽然同为蓝色，却有着些许的差异。未来会将这里分隔成两个屋，这两扇门将分别用作屋主两个儿童房的房间门。
【中山家设计和施工：SAIA'S】

黑色框架的室内窗
很有咖啡屋的感觉

材质和装修

地面 / 实木地板

（涂抹地板精油）

墙面 / 灰浆

顶棚 / 橡木

室内窗（框）/

木材（粉刷）

在客厅、餐厅和书房之间的墙壁上安装了一扇宽大的室内窗。起初屋主想使用铁质框，后来考虑到成本问题就使用了木框，并将框架刷成了黑色，看起来很有咖啡屋的感觉。透过玻璃能一直看到里间，视野十分开阔。
【会田家设计：ATELIER KUKKA ARCHITECTS】

鞋柜门上使用的把手是在东京青山杂货店——ornedefeuilles 淘到的珍藏品，与落叶松材质的门板很搭。
【K 家设计：PLAN BOX】

把手

把手虽然只是一个小小的部件，然而从醒来到入睡这段时间内，人们要与这个小小的部件打无数次的交道。既然它和我们生活的联系这么密切，使用时更要精挑细选，这样我们的生活满意度就会提升了。

O 太太在杂志上第一眼看到这对门把手的时候就相中了，从报纸上剪下来，然后拿着剪报请人代买，安装在灰色洗手池下方柜子的门上。
【O 家设计和施工：DEN PLUS EGG】

定制厨房抽屉上使用的把手非常可爱，充满了设计感，既不会可爱到发腻，也不会过于硬朗。
【O 家设计和施工：B'S SUPPLY】

色泽和质感都很讲究的客厅门颇具复古风，与黄铜把手的搭配非常完美。
【原川家设计和施工：STYLEKOUBOU】

已经安装好的白色门根据搭配的不同把手会呈现出不同的效果。右图是标配把手，用到洗手间的门上。客厅、餐厅对面的卧室和书房门上采用的则是左图的门把手。
【原川家设计和施工：STYLEKOUBOU】

精挑细选的把手和小五金件让卫生间的门看起来可爱多了，看着就像咖啡屋的门一样。【村崎家设计和施工：DEN PLUS EGG】

在商店和网上购买了带有怀旧风的门把手、零部件和照明等物品，然后请人现场制作而成。
【K 家设计和施工：RYOWA HOME】

卫生间的门很有特色，屋主特意请人做成怀旧风格。据说把手和下方的显示锁都是法国的古董。
【N 家设计和施工：RENO-CUBE】

玄关门上的把手每天都要使用，所以选用的是手感舒适的木制品，与木质玄关门也很搭配。
【I 家设计：TANAKA NAOMI ATELIER】

开关

考虑到操作的便利性，最好把开关安装在显眼处。建议在购买时选择具有设计感的开关。

在客厅沙发边上安装了一个滑轮样式的开关，柔和的陶瓷与田园风格的装饰非常契合。
【增田家设计和施工：SAIA'S】

安装在白色墙壁中的样式简洁的开关是神保电器（JIMBO）的产品，很完美地与白色墙壁融为一体。
【宇野家设计：POHAUS】

显眼处的开关选择的是带有时尚风格的产品，在网上购买后交给施工方进行安装。图中是客厅开关。
【藤本家设计：一级建筑士事务所 M+O】

以 NY 的咖啡屋为范本进行了装修，就连开关都沿用了 NY 的风格，采用的是简洁、大方又带点高冷感觉的开关。
【O 家设计和施工：DEN PLUS EGG】

残留有抹子印的灰浆墙与镀锌开关板之间的搭配堪称完美。
【塚田家设计和施工：ARTS & CRAFTS】

客厅、餐厅、厨房中使用的是产自美国的陶器开关。控制成本也是有诀窍的，在显眼处使用富有质感的产品，在不显眼的地方则可以使用质感一般的产品。
【增田家设计和施工：SAIA'S】

白色墙壁搭配樱木地板，整个装饰显得简洁、大方，产自美国的开关更是点睛之笔。
【T 家设计：L.D.HOMES】

在墙面上开好凹槽，把开关和控制板都收纳其中，不仅看起来美观，而且可以避免操作失误。
【大江家设计：高桥利明建筑设计事务所】

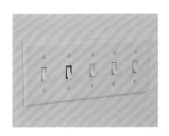

美国产的白色开关是屋主强烈要求安装的，设计非常简洁。
【山中家设计和施工：ANESTONE】

其他

有时装修上的一些细节甚至可以左右整个房间给人的整体印象，此处介绍一些巧用小物件的案例。

进行过做旧加工的
铁扶手

田园风格的装修与具有怀旧风格的物件很般配。为了配合精心挑选的家具和门窗、隔扇等物品，设计师将台阶扶手进行了做旧处理，对于细节的执着使得整个风格简洁、统一。
【增田家设计和施工：SAIA'S】

就连卫生间用的小物件
都一一细心选择

卫生间里安装的钢制厕纸架简洁、大方。越是这种小地方，越能凸显物件的精致。
【村崎家设计和施工：DEN PLUS EGG】

"唯猫可入"的 Logo
充满了童趣

在杂志上看到的猫通道设计很像动画片《猫和老鼠》里面的通道，可爱且充满了童趣。事实证明，屋主家的猫咪对这个通道相当满意。
【M 家设计：EIGHT DESIGN】

用木框将
空调装饰起来

大江家在装修时用了大量的木材，并且在与客厅、餐厅、厨房相连的和室安装了一个空调。为了让整体装修风格保持一致，设计师用木框将空调掩藏起来。
【大江家 TTA+A 高桥利明建筑设计事务所】

可以将
很容易"丢失"的遥控器
放到一个固定位置

设计师在沙发旁边的墙壁上开了一个小凹槽专门用来放置遥控器。
【宫崎家设计和施工：KURASU】

楼梯处采用
旧材料

楼梯拐角使用的旧木材是设计上的一个亮点。如果全部采用旧材料，整个气氛会变得沉闷，部分使用的话，不仅是一种点缀，还能控制成本。
【增田家设计和施工：SAIA'S】

将玄关打造成
收纳陈列板

打开玄关门，迎面就是用旧板子镶嵌成的陈列板，用来摆放帽子和一些小物件，很有店铺的感觉。
【藤田家设计和施工：NU BY RENOVATION】

巧用房屋结构，
家务变得如此简单

为了使阁楼上的扶手看起来比较和谐，特意设置了室内晾干衣物用的滑轨。不仅使用方便，而且由于安装合理，看起来很舒适，是巧用房屋结构的好例子。
【木暮家设计和施工：STYLEKOUBOU】

PART 4

卫生间

的材质和装修

盥洗室 的材质和装修

白色镶嵌瓷砖将洗手池
衬托得干净、整洁

为了打造一个舒适、整洁的空间，内部装饰材料自不必说，从角落、洗手池、水龙头，到镜子、收纳、照明，各个用具之间的契合性也很重要。这些经常使用水的地方，一定要事先做好防潮处理。

材质和装修

地面 / 陶瓷地砖

洗手台 / 瓷砖

整个装修风格为欧式田园风格，盥洗室清新、自然，以白色为主色调，镜框也选择白色。此外，拥有石头般质感的陶瓷地砖增加了房间的品位，并且易于清扫。
【岛田家设计和施工：SALA'S】

置物架清新、自然，用来摆放洗涤剂和日用品。为了便于取放，设计师将置物架做成了开放式，并用咖啡色的窗帘加以点缀。牙刷等琐碎的小物品则放在了带门的墙柜中。

使用大量木材打造度假胜地般的空间

材质和装修

地面 / 进行 FRP 防水处理，铺设依贝木踏板

墙面 / KEY-TEC 胶合木壁柱　　**顶棚 /** FRP

洗手池 / CERA TRADING　　**水龙头 /** CERA TRADING

盥洗室使用木结构，空间中弥漫着温暖的气息，宛如度假酒店般舒适。洗手池是定做的，下方刚好可以容纳下AEG 洗衣机。摆列在开放置物架上的毛巾也像宾馆一样选用同一种颜色。地板和顶棚使用的是防水性能优异的FRP 材料。
【中村家设计：UNIT-H 中村高淑建筑设计事务所】

木质洗手台和置物架增添了温暖感

材质和装修

地面 / 弹性地板

墙面 / 乙烯基壁纸

洗手台 / 桧木

洗手池 / 谷大

　　　　（KAKUDAI）

水龙头 / 高仪

　　　　（GROHE）

木制柜台的造型简洁，上面嵌有洗手池。柜台下方又另外设置了一条木板，形成了一个开放性空间，用来收纳样式各异的收纳筐。左手边的墙壁上开了一个凹槽，做成一个开放式置物架，用来搁置些小物件，非常方便。
【O 家设计和施工：B'S SUPPLY】

奢华一隅分别设置两个洗手池和镜子

材质和装修

地面 / 软木瓷砖

墙面 / 瓷砖

洗手池 / TOTO

水龙头 / 三荣

镜子及洗手池都是双份的。当夫妻二人需要一起出门时，两个洗手池可供两人同时使用，非常方便。洗手池镶嵌于木柜台上。图中的长方形水池是为先生设计的，他喜欢早上洗个头发后再出门。带有木框架的镜子是宜家的产品，上面还可以放置些小物件。墙壁的一部分贴有白色瓷砖。
【K 家设计：LIFE-LABO 东埼玉】

柜台与镜子的风格统一
宛如咖啡屋般奢华

材质和装修	
地面 / 部分贴瓷砖	
洗手池 / 实验用水池	

这个洗手池设计有开放式置物架，上面镶嵌实验用水池。置物架和木框镜子设计风格一致，很有咖啡屋的感觉。怀旧风格的水龙头和马赛克瓷砖是装修上的一个亮点。
【藤田家设计和施工：NU RENOVATION】

马赛克瓷砖和方形洗手池
看起来十分清爽

材质和装修	
地面 / 桦木地板	
墙面 / 乙烯基壁纸	
洗手池 / LIXIL	
水龙头 / LIXIL	

巧用结构材料

材质和装修	
地面 / 瓷砖	
墙面 / 柳桉木	
顶棚 / 外露结构	
洗手池 / 实验用水池	

对盥洗室的顶棚等结构材料未加过多修饰。整个设计简洁、清爽，实验用水池和水龙头直接安装到了墙上。地面铺设了瓷砖用来防水，还设置了浴巾加热器来御寒。
【O家设计：ATELIER HAKO ARCHITECTS】

整个盥洗室以白色为主色调，看起来清爽、整洁。地面使用的是实木地板，柜台上铺设了瓷砖。方形洗手池和马赛克瓷砖之间的契合度十足，整个样式看起来简洁、大方。镜台柜可以收纳很多物品。
【藤川家设计和施工：WESTBUILD】

宽大的镜子与宽阔的收纳间
用起来舒适、快捷

材质和装修

地面 / 松木地板

洗手池 /TOTO

水龙头 /TOTO

木柜台是开放式的，上面镶嵌有洗手池，下面摆放着从市场上购买的收纳筐，使用起来非常方便。这个房间位于家里通风采光条件最好的二层南侧，配上宽大的镜子，整个空间看起来敞亮、舒适。
【K家设计：宫地亘设计事务所】

木柜台处贴有瓷砖的
简约风格

材质和装修

地面 / 瓷砖

墙面 / 乙烯基壁纸，部分贴瓷砖

洗手池 /TOTO

水龙头 /KVK

宽大的柜台是这个盥洗室的特色，白色瓷砖和TOTO的实验用水池为房间增加了柔和的色彩。考虑到实用性，设计师选择了软管水龙头。柜台下方设计成开放式空间，摆放的是在市场上购买的收纳用品。【G家设计和施工：STYLEKOUBOU】

快乐混搭
灰浆配以松木和杉木

材质和装修

地面 / 灰浆

洗手台 / 松木

开放式置物架 / 杉木

装修时没有选择现成的镜台架，和镜台架一样，洗手台和置物架也都是原创设计。洗手台的材质选用的是松木，墙上的简易开放式置物架选用的是杉木。整体设计不仅降低了成本，而且通风良好，易于清扫。

【阿知波家设计和施工：LIVING DESIGN BÜRO】

用素雅的瓷砖和木制品
打造大气、沉稳空间

材质和装修

洗手台 / 瓷砖

洗手池 / 实验用水池

房间里的设施主要是洗手池和斗柜。其中，洗手台贴着暗色调的瓷砖，旁边是斗柜。长长的斗柜除了具有收纳功能之外，还兼具熨衣板的功能。从洗衣到熨衣都可以在此进行，内衣类衣物和毛巾叠好后可以直接放置到斗柜中，非常方便。

【K家设计和施工：B'S SUPPLY】

白色瓷砖与实验用水池组合，
看起来清爽、洁净

材质和装修	
地面 /	弹性地板
柜台 /	瓷砖
洗手池 /	实验用水池

盥洗室是原创设计，实验用水池搭配白色瓷砖看起来清爽、洁净。柜台下方是一个开放式空间，节约了成本。此外，地面选用的是弹性地板，与贴瓷砖相比，不仅成本低，而且踩在上面不会觉得凉，脚感十分舒适。
【I家设计和施工：B'S SUPPLY】

意大利产洗手池和
素雅瓷砖堪称绝配

材质和装修	
地面 /	陶瓷砖
墙面 /	瓷砖
洗手池 /	意大利产

洗手池是原创设计，选用的是素雅的瓷砖。洗手池是意大利产品，看起来敦厚、稳重，充满魅力。木框镜子和小置物架的设计温馨、实用。柜台下面是开放式置物架，上面摆放有从市场上购买的收纳筐。
【吉田家设计和施工：ANEST ONE】

精心挑选瓷砖、照明灯、镜子等物件，
打造有格调的空间

材质和装修	
墙面 /	瓷砖
洗手池 /	CERA TRADING

空间设计简洁、大方，没有设置柜台和收纳间，而是安装了一体型洗手池。墙上贴的瓷砖也为空间增色不少。水龙头、照明灯、镜子无一不是精挑细选。小小的照明灯具高高地悬挂于空中，设计颇具亮点，很适合整个空间的氛围。【Y家设计和施工：WESTBUILD（IDEAL HOME）】

由饰面板 + 洗手池
构成的简洁卫生间

材质和装修

地面 / 瓷砖

柜台 / 合成树脂饰
面板

卫生间风格简约，用木柜台配以方形洗手池，柜台下方
是开放式设计。旁边还放置了一把椅子，可供化妆时使
用。柜台采用的是耐水性强的合成树脂饰面板。
【上野家设计和施工：WILL】

柜台和洗手池的
组合方式很独特

材质和装修

地面 / 灰浆

墙面 / 树脂涂料

地面使用的是灰浆，墙面用耐水性树脂涂料粉刷而成。洗
手池选用了丽屋氏品牌。宽大的镜子没有设置边框，与方
形洗手池非常搭配。整个设计看起来非常清爽。盥洗室与
洗手间合二为一，整个空间显得很敞亮。
【和田家设计和施工：SUMA-SAGA】

柜台选用时尚的暗色调

材质和装修

地面 / 马赛克瓷砖

洗手池 / TOTO

水龙头 / LIXIL

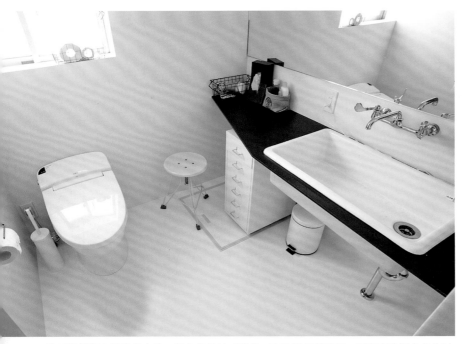

洗手池镶嵌有实验用水池。柜台角设计成斜角，旁边摆放着凳子。屋主在选择水龙头时
最看重的不是实用性，而是设计感。整个设计简洁、大气，使用起来十分舒适。
【中土家设计：ALTS DESIGN OFFICE】

白色空间和暗色调地板
带来撞色美

材质和装修

地面 / 氯乙烯瓷砖

由于家中人口较多，所以设置了两个洗手池。墙面、顶棚、洗手池及橱柜都统一做成白色。耐水性氯乙烯瓷砖则选用了时尚的深色。为了节约成本，洗手台下方设计了柜子。

【N家设计：FISH+ARCHITECTS 一级建筑士事务所】

纯白色西式瓷砖
打造洁净如宾馆的空间

材质和装修

地面 / 瓷砖

墙面 / 瓷砖（腰壁）

柜台 / 马赛克瓷砖

从地板到腰壁都采用白色瓷砖，看起来洁净、清爽。洗手池和镜子的风格统一，均采用了马赛克瓷砖。精心挑选的洗手池和水龙头充满了设计感。

【小川家设计和施工：OKUTA LOHAS STUDIO】

用两种类型的瓷砖
打造自然风格

材质和装修

地面 / 大理石

洗手台 / 大理石马赛克瓷砖

橱柜 / 落叶松合板

洗手台选用的是大理石马赛克瓷砖。地砖的铺设全部由K先生一手搞定。将盥洗室和洗手间合二为一，不失为节省空间的好方法。马桶的设计简洁、流畅，不含抽水箱。
【K家设计：PLAN BOX】

左图 / 橱柜兼具镜子的功能。因为工作的关系，K太太有大量化妆品，左边的橱柜是专门为她设计的。

巧用收纳箱

材质和装修

墙面 / 乙烯基壁纸

洗手台 / 原创木制洗手台

陶瓷水池 / KAKUDAI

水龙头 / 高仪（GROHE）

马桶 / LIXIL

洗手台选用的是暗色调的木材。柜台是请木工制作的，正好能放下宜家的箱子，用来收纳内衣和毛巾。盥洗室一角设置有马桶，"房间宽敞容易照顾孩子，浴缸也在同一屋，如厕后还可以直接泡澡，非常方便。"屋主说道。
【Y家设计和施工：B'S SUPPLY】

用混凝土、木制品、玻璃打造明快感

材质和装修

地面 / 混凝土

洗手台 / 木制

将盥洗室和洗手间设置到同一个空间里，此外还用玻璃门分隔出一间浴室。卫生间采用混凝土与木制品混搭的方式，粗犷中透着细腻。从浴室高侧窗中透射进来的光透过玻璃门照亮了整个房间。

【本田家设计：ATELIER SORA】

浴室 的材质和装修

浴室是一个消除疲劳的场所，所以在装修时应优先考虑如何设计成可以放松的空间。地面和浴缸是浴室中直接和人体接触的部分，这两者的好坏决定使用时的舒适度。由于需要经常用水，所以建议采用容易打理的材质。

从浴缸到地面、墙面、顶棚都用价格亲民的FRP加工而成

材质和装修

地面 / FRP 树脂加工

墙面 / FRP 树脂加工

顶棚 / FRP 树脂加工

浴缸（侧面）/ FRP 防水涂料（定制）

这个浴室采用的是组装的方法，与一体化浴室相比，空间的拓展性更强。由于瓷砖成本较高，所以内装整体上采用的是 FRP 树脂加工，看起来清爽、整洁。此外，墙上开设了窗户，透过窗户可以一览雄伟、壮阔的山色。另外，还按照藤本先生的要求设置了音响。

【藤本家设计：一级建筑士事务所 M+O】

个性十足的厕纸收纳方式

材质和装修

墙面 / 1.2cm 厚结构用合板（上有油性着色剂）

顶棚 / 1.2cm 厚结构用合板（上有油性着色剂）

卫生间 / LIXIL

背景墙的设计个性十足，可用来收纳厕纸。整个空间全部使用合板铺设而成，洋溢着温暖的气息。
【牧田家设计：MA-STYLE ARCHITECTS】

精选的洗手池和水龙头等构件让装修充满乐趣

材质和装修

地面 / 赤土色瓷砖

卫生间 / LIXIL

洗手台 / 马赛克瓷砖　　**洗手池** / 陶瓷

洗手台铺设白色马赛克瓷砖，上面嵌有圆形陶瓷洗手池，与复古水龙头很搭。地面上铺设大块赤土色瓷砖，照明的灯具委托工作室定制而成。
【竹内家设计和施工：WESTBUILD】

美丽的蓝色洗手池把空间点缀得多姿多彩

材质和装修

墙面 / 乙烯基壁纸（SANGETSU）

马桶 / TOTO　　**洗手池** / 益子烧

空间设计得典雅、舒适，马桶正对面设置有洗手台，益子烧的洗手池非常美丽。据说洗手池是 T 太太购买，然后委托施工方进行安装的。【T家设计:FCD 一级建筑士事务所】

白色空间中加点蓝色，效果非常好

材质和装修

地面 / 桦木地板

墙面 / 部分粉刷　　**马桶** / 松下

墙面的一部分被粉刷成蓝色，丰富了空间的色彩。据说，刷墙由女主人一人搞定，大约花费一天的时间。
【S家设计：UNIT-H 中村高淑建筑设计事务所】

蓝色墙裙打造清爽一隅

材质和装修

地面 / 瓷砖

墙面 / 木板（墙裙）

洗手池 / 陶瓷

整个空间看起来明快、整洁。地面选用的是方便清洁的瓷砖，墙裙颜色选用的是明快的蓝色。洗手台用马赛克瓷砖铺设而成，上面镶嵌有陶瓷洗手池和充满复古风的水龙头，看起来清新明快。洗手台下方设置了用于收纳的空间。

【寺尾家设计和施工：SPACE LAB】

在紧凑的空间中不妨使用大花纹的壁纸

材质和装修

墙面 / 壁纸

洗手间墙上贴着带有大花纹的壁纸，这是屋主在网上苦寻多日，在销售进口壁纸的商店 WALPA 中觅得的战利品，然后交由施工方贴好，有效地降低了成本。小置物架选用了与墙色相配的颜色，装修好的空间潮流感十足。

【Y家设计和施工：WESTBUILD（IDEAL HOME）】

墙面刷上黑板漆，房间瞬间变得很有趣

材质和装修

墙面 / 黑板漆（部分粉刷）

黑板漆粉刷而成的鲜艳墙面个性十足，使洗手间时光变得妙趣横生。等客人回去后，房主会发现上面有留言或者涂鸦。

【K家设计：KAZUHIRO SENO + ATELIER】

硬质感的材质和木制搁板的组合让人印象深刻

材质和装修

地面 / 灰浆（清漆罩面）

墙面 / 部分采用灰浆（清漆罩面）

搁板 / 木制　　**洗手池 /** TFORM

墙面的一部分和地面用灰浆铺设而成。硬实的材料、木制搁板及镜子间的搭配潮流感十足。此外，墙上还设置了放厕纸的空间，使用十分方便。陶瓷的洗手池是Tform 的产品。【M 家设计和施工：ATELIER YI:HAUS】

卫生间也供客人使用，用瓷砖打造奢华空间

材质和装修

地面 / 瓷砖

洗手台 / 柚木

洗手池 / 信乐烧

瓷砖墙设计独特，很容易让人联想到石头。柚木的洗手台搭配信乐烧的洗手池，显得低调、沉稳。由于这个洗手间也供来访的客人使用，所以设计成酒店风格，选用的不含抽水箱的马桶使空间看起来更清爽、简洁。
【岸和田家设计：KUNIYASU 建筑设计】

引入家人喜欢的颜色打造清爽环境

材质和装修

地面 / 马赛克瓷砖

将卫生间墙面粉刷成了家人都喜欢的绿色。地面贴的是复古风的马赛克瓷砖，为空间增添了时尚的气氛。不含抽水箱的马桶将空间衬托得清爽、利落。
【木暮家设计和施工：STYLEKOUBOU】

淡绿色墙面和不锈钢洗手池的搭配

材质和装修

墙面 / 粉刷

洗手池 / 不锈钢盆

墙面的颜色被粉刷成淡绿色，整个空间显得沉稳、清爽。合理的设计有效地降低了成本。洗手池使用的是柳宗理设计的不锈钢盆，经过焊接和配管安装而成。
【T 家设计：L.D.HOMES】

洗手台 的材质和装修

在走廊和楼道一隅设置一个洗手台，方便程度超乎你的想象。部件和材质之间的搭配成为空间的一个亮点。

精选洗手池和镜子
打造魅力一隅

材质和装修

地面 / 宽大的菠萝格实木板　　**墙面** / 乙烯基壁纸

陶制水池 /KAKUDAI　　**水龙头** /KAKUDAI

设置于客厅一隅的洗手台，设计新颖、独特。白色的门后是卫生间。把洗手台设置到外面使用起来会非常方便。洗手池、镜子、照明等用具都是经过屋主精挑细选的。
【Y家设计和施工：B'S SUPPLY】

波尔多红色瓷砖
打造雅致一角

材质和装修

地面 / 菠萝格实木板

墙面 / 灰泥　　**柜台** / 马赛克瓷砖

洗手池 / 科勒（KOHLER）

水龙头金具 / 高仪（GROHE）

无论是开关、彩色玻璃灯还是椭圆形的镜子等物件，设计都十分精良，充满了复古的气息。拱门配合着绚丽的灯光，把空间衬托得非常华丽。
【藤川家设计和施工：WESTBUILD】

彩色玻璃马赛克瓷砖
是空间的亮点

材质和装修

地面 / 赤松木板

墙面 / 壁纸、瓷砖（彩色玻璃马赛克瓷砖 TOYO-KITCHEN）

洗手池 /SANWA　　**水龙头金具** / 高仪（GROHE）

洗手池台面和部分墙面用漂亮的玻璃马赛克瓷砖铺设而成，让人印象深刻。客厅位于二层，据说马赛克瓷砖是厨房装修时用剩的材料，节约了成本。镜子和马赛克瓷砖都是东洋橱柜的产品。
【宇野家设计：POHAUS】

可爱的洗手池
是玄关处的亮点

材质和装修

墙面 / 瓷砖

洗手池 /SANWA

洗手台设置于玄关过道，水桶状造型的洗手池是 sanwa 的产品，非常可爱。进门后就可以洗手，非常方便，洗手池的造型也是室内装饰的一个亮点。墙砖是全家人一起动手完成的。
【O 家设计：ATELIER HAKO ARCHITECTS】

白色陶瓷洗手池和
马赛克瓷砖透露着
让人怀念的气息

材质和装修

地面 / 海岸松　　**墙面 /** 部分贴马赛克瓷砖

洗手池 / 陶瓷

卧室位于二层，门外设置了一个小洗手池。陶瓷洗手池和充满质感的马赛克瓷砖，与卧室入口处复古风的门窗隔扇之间搭配巧妙。圆形镜子线条流畅，过道一角因为这个设计也变得柔和起来。【I 家设计和施工：B'S SUPPLY】

方形水槽和
怀旧风水龙头
为空间增添了品位

材质和装修

地面 / 实木板（做旧加工）

洗手池 / 实验用洗手池

洗手池设置于卫生间正门处，配有复古风格的水龙头。设计师对价格也经过了精心计算，把价格控制在和现成品差不多的范围内。
【K 家设计和施工：RYOWA HOME】

意大利造洗手池和
瓷砖打造奢华风格

材质和装修

地面 / 桦木地板（使用 LIVOS 自然涂料）

墙面 / 灰泥、马赛克瓷砖

洗手池 / 意大利制造

在卫生间门对面设置了洗手池，节省了空间。方形的洗手池精巧、实用。墙砖雅而不俗，整个空间令人耳目一新。
【石田家设计和施工：株式会社 FIRST 设计】

案例 3

打造爱意满满的家 亲自参与房屋的建设，

桌子和长椅是在 ATELIER YI : HAUS 工作室定做的。柜台的抽屉不仅非常好用，而且充满了设计感，是室内装修的一个亮点。

T 先生（京都府）

T 先生九年前换了工作，现在夫妇二人在农村从事养花、育苗的工作。这是一个幸福的四口之家，T 先生喜欢钓鱼、音乐；T 太太喜欢花，对装修也颇有心得；老大是个儿子，今年十岁；老二是个女儿，今年也已经八岁了。

Dining

**沿用经典装修风格
打造既实用又有魅力的家**

无论是橡木地板还是令人耳目一新的门，都称得上是精品。柜台上带有杂志架，上面使用的蓝色瓷砖也让人印象深刻。

地面
橡木地板

墙面
壁纸、木板

门
实木板（原创设计）

柜台
瓷砖

Kitchen

抽屉表面没有经过精细处理，看起来比较大气。黑铁皮的拉手是特别定做的。

定制碗柜采用舒适、易于打理的材质制作，重视实用性

碗柜在 ATELIER YI：HAUS 工作室定制，使用的是橡木材质，上面带有宽大的抽屉，用起来非常方便。柜台是 T 太太根据自己的使用习惯去设计，然后定做的。地板选用的是便于打理的材质。

地面
地板皮

墙面
壁纸

厨具
主体：TOTO
抽烟机：TOTO
水龙头：TOTO

碗柜
橡木
（ATELIER YI: HAUS
工作室制作）

用木板装饰的墙面宛如山中小屋，依墙建了一个电脑台，T 先生可以在此安心工作。透过长长的铁框窗能看到 T 先生的兴趣室。

Living

白色内部装饰中
木材的使用恰到好处，
把客厅空间衬托得明快、亮丽

餐厅和客厅及摆放椅子的空间之间的距离设计得恰到好处。客厅的窗户设置到及腰高处，适合摆放沙发。

地面

橡木地板

墙面

壁纸

电视柜

红杉木（在 ATELIER Y：HAUS 制作）

客厅、餐厅、厨房呈 T 字形设计，其中两面临木制台，房间明亮且透风性好。打开窗户后，房间与木制台能成为统一的整体，可以充分欣赏外部空间。

选择有特色的材质，在时光的流逝中品味材质的变化

木制台依地势而建，越过木栅栏可以看到塑料大棚，以及T先生一家人工作和生活的光景。

结婚伊始，T家的男、女主人就考虑着"什么时候也建造个自己的房子，以及建造个什么样的房子好呢"。对装修颇有想法的妻子想"装修成偏男性风格的房子"。另一方面，T先生是很念旧的人，从他对待自己皮鞋的态度上就可以看出来。T先生的皮鞋已经有些年头了，T先生使用得很珍惜，打理也很勤快。鉴于此，夫妇二人达成一致意见，"要建造一个好用又有魅力的家，这样的家在岁月的流逝中会变得更有感觉"。

然后夫妇二人开始看有关修建房子方面的杂志，在上面发现了ATELIER YI：HAUS修建的房子实例的照片，正是他们想象中的模样。在还未进入到实质性建造阶段时，两人就马上开始了参观学习。之后在正式开建的九年时间内，两人一直不间断地进行参观学习。在此过程中，T先生发现自己越来越喜欢ATELIER YI：HAUS的风格。土地入手后就委托设计师做规划。

T家开始建造房屋的另一个契机是T先生换工作了。由于之前的工作时间较长，所以这次希望"有更多时间和家人待在一起"，夫妇二人每天的工作就是在家旁边的农田里培育花及香草苗。

夫妇二人希望新家"能把家人紧密地联系在一起"。和木制台正对着的客厅、餐厅、厨房阳光充足、通风良好，铺设的实木地板触感舒适。对面的厨房和客厅台阶的一角设置了摆放椅子的空间，这些随处可见的细节无不透露着设计师的用心。

另一方面，想和家人保持一定距离时，复式楼梯就可以满足这一愿望。用高度差把空间隔开的同时，巧妙地保持了空间的统一感。孩子想一个人待一会儿的时候可以到阁楼上去。

复式楼梯的下方是T先生的专属房间，房屋的结构材料未加修饰，错落有致地裸露着，显得顶棚有些低。于客厅、餐厅、厨房间设置了一扇小小的窗户，透过窗户可以隐约看到室内的样子。

在建造房屋时，动线也考虑得细致周到。比如：为了放置从田地里回来时沾土的衣服及用具，在后门处设置了大大的土间。洗手间和浴室设置在可以直接从后门走到的地方。

在ATELIER YI：HAUS工作室制作的手工AV BOARD（电视柜），特意把红杉木的节子放在了前面，以强调材料的质感。右手边的橱柜是UNICO的产品。

在楼梯一隅设置了供孩子玩耍的地方，并且在上面铺设了地毯。把钢琴摆放在客厅、餐厅、厨房会产生一种压迫感，所以把钢琴也放置在了这里。

二层墙壁上安装有定制的 CD 架，将结构材料当作背板，还可以摆放些杂志等。

立体的跃层和兴趣室既保持了一定的封闭性又有利于通风，是保持家里和谐、温馨的秘诀

厨房柜台铺设时选用的是颜色不均匀的瓷砖，灰浆涂抹的洗手池等带有特色的物品都是定做的。由于是新安装的，颜色还比较鲜艳。这些都会随着时间的流逝变得越来越有看头，对它的爱也会越发深刻。

"以前的家充其量只是个可以睡觉的地方，现在这个才叫家！在这里不管做什么事情都让人充满期待。生活真的发生了天翻地覆的改变。"夫妇二人感慨颇深。

孩子也非常喜欢这个家，据说现在就开始讨论归属问题，争相表示"以后我要住在这里"。

黑铁皮窗框的焊接部分有斑驳的痕迹，看起来很酷。

左图／思来想去，最后决定墙壁和顶棚都使用蓝色的壁纸，与置物架和木色小物件的搭配非常和谐，整个空间看起来沉稳、静谧。圆弧形的陶瓷洗手池充满了让人怀念的复古气息。

Hobby room

粗犷、豪放的装修风格
让人沉醉其中

这里是 T 先生的兴趣室，和玄关相连，里面摆放的都是他喜爱的物品。"在这里一边喝啤酒一边制作钓鱼饵的时光，真的是十分幸福"。

地面	**墙面**	**顶棚**
灰浆	壁纸	外露结构

在距离田地较近的后门处设有大大的土间，可以在此脱掉脏衣服或者放置工具。收纳间也做得很大，被当作杂物室。

Sanitary

灰浆粉刷的洗手台大得让人惊讶
选用有特色的材质让空间妙趣横生

洗手台用灰浆粉刷，上面安装的实验用洗手池非常方便，木框的镜子和灰色装饰置物架是定制的。

墙面	**洗手台**	**洗手池**
壁纸	灰浆	TOTO

水龙头	**镜子**
IBUKI CRAFT	木框（定制）

详细信息

家庭构成：夫妇俩＋两个孩子
占地面积：167.15 m²
建筑面积：89.40 m²
总面积：132.65 m²
　　　　一层 82.40 m²
　　　　二层 50.25 m²
结构和施工方法：木制二层建筑（集成木材构件方法）
工期：2014 年 7 月—12 月
设计和施工：ATELIER YI : HAUS
网址：www.yihaus.com

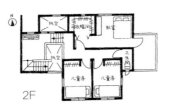

2F

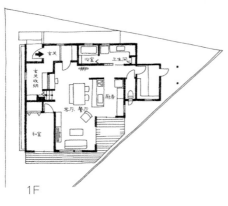

1F

外部墙面使用以火山灰白砂为原料制作的白洲外壁进行粉刷，部分地方镶嵌杉木板，为简单、自然的外观增加了温暖的感觉。

屋顶
镀铝锌钢板

墙面
白洲外壁、香杉木

风吹日晒导致围墙上的木板褪色，墙面上的木板则保留着原来的颜色。这种颜色间的差异也别有一番风味。廊下的结构材料是一抹亮色。

Entrance

定制的家具和门打造温暖感

在 ATELIER YI : HAUS 工作室定制的鞋柜使用的是红杉木，木材温暖的颜色和节子让鞋柜充满了魅力。鞋柜不固定在某个地方，而是作为备用家具放在此处。室内门用铁杆、玻璃等材质制成。

地面
灰浆、橡木地板

墙面
壁纸

门
实木板（原创设计）

前门
EURO TREND G 木门

鞋柜
红杉木（ATELIER YI : HAUS 工作室制作）

设计的重点

ATELIER YI : HAUS

细野铁二

"第一次的提案只是我个人的建议。那之后与客户进行了多次交流，反复修改设计图，最终形成了客户家的模样。无论设计也好，想要的生活方式也好，T 先生都有很清晰的概念，所以我们交流起来毫不费力，很快就达成了共识。建造所需要的材质和设计都无条件地委托我来处理，工作起来也很轻松。由于和他们的设计理念相似，所以样板房的部分结构用到了 T 家住宅方案设计中"。

PART 5

外部结构

的材质和装修

木制台和阳台 的材质和装修

阳台能保证室内的良好通风和采光，其材质的选择对宜居性有很大的影响。屋主既可在屋内远眺，亦可在室外近距离观赏，丰富了生活情趣。

引入特色绿植，
阳台化身为第二个客厅

温暖的灯光照在阳台上，夕阳西下的景色别有一番风味。从阳台向屋里眺望时的感觉也很特别。

材质和装修

木制台 / 娑罗双木

用娑罗双木建成的阳台沿着建筑物呈コ字形。屋顶向阳台方向倾斜，除了可以凸显阳台之外，还有利于阳台采光。这个阳台不仅让家里充满了开放感，还可以当作室外客厅。在阳光的映照下，光蜡树的树影斑驳，有很强的治愈作用。
【大江家设计：TTA+A 高桥利明建筑设计事务所】

利用现成的阳台
增加客厅的开阔感

材质和装修

阳台主体 / 现成品

地面 / 地砖（宜家）

阳台围栏材料使用的是现成品，地面选用的是较便宜的宜家的地砖，节约了成本。阳台和客厅相连，扩大了孩子们玩耍的空间。
【俵木家设计：UNIT-H 中村高淑建筑设计事务所】

用高高的栅栏及地砖打造出"餐厅露台"

材质和装修

阳台地面 / 瓷砖

客厅地面 / 橡木实木地板
（装有地暖）

阳台在屋子的南侧，并用高高的木栅栏围起，有效地遮住了外界视线。阳台与客厅、餐厅之间用窗户连接。把木窗全部打开，室内外的厨房、餐厅和阳台就会连成一体。阳台地面铺设的是非常耐用的地砖。
【加藤家设计：NOANOA ATERIE】

图 1/ 创意来自屋主：楼梯下建造的收纳空间一部分朝向阳台的方向，可以收纳椅子和各种用具，在烧烤、聚餐时取用很方便。图 2/ 一家人可以在阳台上享受奢侈的下午茶时光，在享受阳光的同时，吹着舒适的风，满眼都是绿意，阳台上种植了四照花，令人赏心悦目。

用木栅栏打造私密空间

材质和装修

木制台 / 红杉木

车库临近马路，而阳台则位于车库里面，用木栅栏围起来，有效地保证了屋主的隐私。整个空间让人倍感温暖，在这里小憩心情会非常放松。设计师在阳台的角落里设置了一个开口，种植了光蜡树，增加了惬意感。木制台与阳台连在一起，非常适合烧烤。
【杉本家设计：FREEDOM ARCHITECTS】

利用市场上销售的材料打造时尚格子花纹

材质和装修

地面 / 地砖

（宜家）

阳台的设计很有特色，为客厅增色不少。地砖是宜家的产品，屋主亲自动手将其铺设成了格子状。在植物的点缀下，阳台很有小花园的气氛。
【T家设计：PLAN BOX】

用高墙和屋顶打造带有露台风格的阳台

材质和装修

地面 / 木板

在客厅、餐厅和厨房之外的空间建造了一个阳台，屋主可以在此喝茶、吃饭，是一个非常惬意的室外空间。由于阳台上有屋顶，所以不用担心会被阳光直晒，可以尽情在此休息。高墙挡住了外面的视线，很好地保护了家人的隐私。【T家设计：PLAN BOX】

越过木制腰壁可以欣赏到壮丽的风景

材质和装修

木制台 / 日本扁柏（粉刷而成）

地面 / 樱木

露台用木板建造而成，十分宽敞、舒适，可以作为家里的第二个客厅或厨房。屋主和家人可以在此吃早饭，甚至进行烧烤、聚餐，即便是在这里放个泳池也完全可以。露台地板的颜色与客厅樱木地板的颜色一致，增加了空间的统一感。华灯初上时，这里会更加迷人。
【T家设计：L.D.HOMES】

用相同的地板打造空间的整体感

材质和装修

地面 / 地砖

外墙面 / 铝锌合金镀层

客厅与餐厅、厨房之间隔着阳台，空间呈L形。打开窗框，两个空间和阳台就连成了一个整体。细节考虑得也很到位，比如在餐厅、厨房和阳台铺设相同的地砖，内外空间很自然地形成了一个整体。和朋友在此烧烤、洗涮用具，非常方便。
【横山家设计：DININGPLUS建筑设计事务所】

141

用围墙将与玄关相连的
开放式露台围起来

材质和装修

墙面 / 土佐灰浆

由于地处密集住宅区，所以在房子四周建了围墙，墙里面是露台，既能保护屋主隐私，又能保证室内通风和采光。此外，折叠式的窗户把玄关和土间连为一体，统一铺设的地砖更是增加了这种统一感。灰色的地砖一直延伸到围墙边，使人产生露台也是房屋一部分的错觉。【永田家设计：SORA 工作室】

依腰壁修建了长椅，
使木制台使用起来更加方便、舒适

材质和装修

木制台 / 热美樟、娑罗双木	
外墙面 / 陶瓷防火护墙板	
窗框 / 木门窗	
地面 / 松木地板	

设计师在客厅、餐厅、厨房的外边用耐用的热美樟和娑罗双木铺设成 L 形的木制台，还特地将客厅、餐厅、厨房四周的窗户设计成了木门窗，使其与窗外宽敞的木制台相连，室内外装饰相呼应。
【K 家设计：宫地亘设计事务所】

在屋顶修建宽敞阳台，
打造南国度假风格的空间

材质和装修

地面 / 木地砖

屋顶的阳台被高墙围起来，很好地保护了屋主的隐私。阳台地面上铺设的是木地砖，上面摆放有 Jacuzzi 按摩浴缸，这些装修基本上都是屋主 DIY 而成的。此外，屋主还很讲究地配置了木椅、桌子，可以一边惬意地享受着阳光，一边打发闲余时间。
【后藤家设计和施工：BETSUDAI】

带有顶棚的门廊很有海滨别墅的感觉

材质和装修

木制台 / 红杉木

屋主在院子里修建了一个带有顶棚的门廊，外墙整体刷成了白色，在修建时屋主就想着要装修成海滨别墅的风格。因为木制台上有屋顶，即使下雨也没有关系，还可以遮挡住烈日，最合适作为孩子玩耍的空间。
【原家设计和施工：CALIFORNIA 工务店】

玄关门廊 的材质和装修

无论是家用还是迎客入户，玄关都是极其重要的空间。玄关决定着在客人踏入门口那一刻给他们留下什么样的印象。因此，除了选材之外，颜色搭配和部件的选择也要讲究，这些细节无形之中也体现着住户的品位。

用黑色和茶色打造酷炫入口

材质和装修

外墙面 / 镀铝锌钢板（带小波浪），部分铺设杉木板（粉刷 PLANET COLOR 漆）

玄关门 / 依贝木（粉刷 PLANET COLOR 漆）

玄关是家的门面，设计师用镀铝锌钢板搭配泛着柔和光泽的木纹，把玄关灯和内线电话统一漆为黑色，既酷炫又个性十足。一打开门，露台的光便倾泻下来，很自然地为大家引路。

【大江家设计 /TTA+A 高桥利明建筑设计事务所】

用木门配碎石打造朴素感

材质和装修
门廊 / 圆形碎石
外墙面 / 镀铝锌钢板
玄关门 / 木门（花旗松）

门廊下铺设的是洗净的碎石子，不用担心宠物犬散步回来会把门廊弄脏。玄关门的材料选用的是花旗松，门上的玻璃窗体现着屋主的品位。右手边的门是外部储物间，可以收纳雪地轮胎等物品。
【H 家设计 /YURARI ARCHITECTS OFFICE】

自然材料让玄关空间变得温暖

材质和装修
门廊 / 赤土色
外墙面 / 陶瓷防火护墙板
玄关门 /SIMPSON 木门

外墙面刷上了柔和的颜色，赤土色瓷砖和木质玄关门的搭配堪称完美，使木屋檐洋溢着温暖的气息。"虽然价格比普通的瓷砖高，但是完工后的样子就是想象中的模样，证明选择是正确的。"屋主说道。
【K 家设计：宫地亘设计事务所】

用白色和银色打造的
清爽门廊和庭院

材质和装修
门廊 / 灰浆
玄关门 /LIXIL

因为屋前道路的交通量较大，因此将玄关门廊和中庭用围墙围了起来。打开围墙门，宽敞的庭院就展现在眼前。白色围墙配以灰色瓷砖和玄关门，整个设计看起来简洁、时尚。
【小松家设计 /ATELIER HAKO ARCHITECTS】

彩色瓷砖配以拱门设计，
打造可爱风的玄关

材质和装修

门廊 / 瓷砖

顶棚 / 木板

壁龛 / 花砖

围墙 / 灰浆、无釉瓦

门 / 铁门

大门前地面 / 复古砖

玄关前的门廊采用拱门和壁龛的设计，轻快的设计会让进门的客人感到很放松。壁龛周围贴有花砖，为空间增添了雅趣。顶棚铺设木板，木结构给人以温暖的感觉。从门廊到水泥地铺设的是相同的瓷砖，像指路标一样为大家引路。
【寺尾家设计和施工：SPACE LAB】

上图 / 粉刷过的围墙上贴有无釉瓦，并设置了铁质栅栏门。大门前铺设了复古砖，整个设计看起来自然、大方。

用木材和玻璃打造
温暖的时尚空间

材质和装修

门廊 / 瓷砖

玄关门 / 木门

长椅 / 依贝木

雅致的瓷砖和木材搭配，时尚感十足。玄关门廊处安放了用依贝木制成的长椅，木材耐水性很好，不怎么需要打理。长椅上既可以放置物品，也可以坐人。此外，玄关大厅处也设有长椅。门廊处的瓷砖一直延伸到餐厅、厨房，整个设计使家内外形成统一的整体。
【横山家设计：DININGPLUS 建筑设计事务所】

英式绿色门
和邮筒自然成画

材质和装修

外墙面 / 灰浆

栏杆 / 铁质

白色灰浆外墙配以英式绿门及邮筒，栏杆用细细的铁杆制成，充满了外国风情，让人耳目一新。
【K 家设计和施工：B'S SUPPLY】

玄关周围的红杉木
为玄关增添了色彩

材质和装修

门廊 / 灰浆

外墙面 / 红杉木（部分）

玄关门 / 红杉木（原创设计）

玄关没有用瓷砖或者石头进行装饰，而是使用灰浆，不仅大气，而且节约了成本。从玄关门到门廊周围的墙面均铺设了红杉木，样式简洁，让家充满了温暖的质感。
【阿知波家设计和施工：LIVING DESIGN BÜRO】

引人注目的
蓝灰色门，打造出
如商店般时尚的
门廊

材质和装修

门廊 / 灰浆

外墙面 / 柔性板　　**玄关门** / 钢窗框

玄关门的颜色给客人留下深刻印象。据说当初为了选出中意的颜色，屋主很是下功夫，骑着自行车走街串巷去搜集喜欢的颜色。门把手和镶有玻璃的袖壁也是设计的亮点。外墙面是以代官山的服装店为范本，使用柔性板建造的。【K 家设计：一级建筑士事务所 STRAIGHT DESIGN LAB】

用铁门和宽大玻璃
打造的宽敞空间

材质和装修

玄关门 / 铁制

二层阳台正对着下方的玄关门廊。道路尽头是由屋顶和墙壁围成的静谧空间。铁门闪烁着冷冽的迷人气息，门侧镶嵌着一扇大大的玻璃，在大厅里就可以观赏到外面的景色。【T 家设计：PLAN BOX】

外观 的材质和装修

回家看到房子时心里就会充满安心感。房子的外观设计得个性而时尚，屋主会忍不住向他人夸耀……外观设计和材质决定着给客人留下怎样的第一印象。

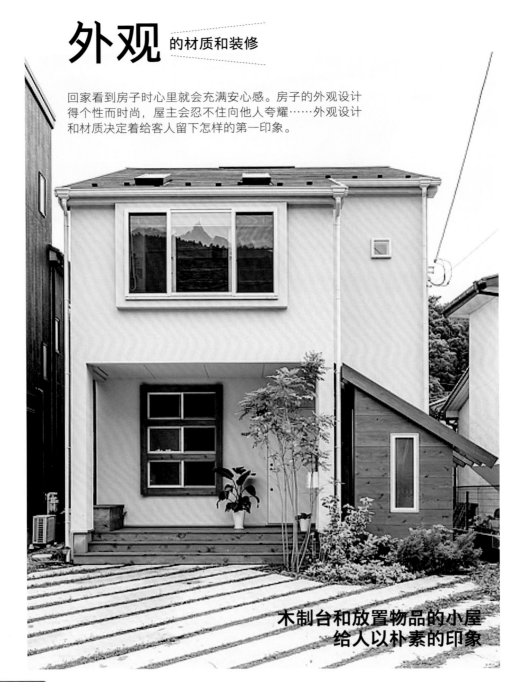

木制台和放置物品的小屋给人以朴素的印象

车库设在面向道路的位置，内侧是房子。玄关前面是兼作大门的木制台。玄关旁边是放置杂物的小箱子和木格窗户，都给人以朴素的印象。设计简洁、向外凸出的结构是二层的温室，同时也兼作二层的房檐。
【森田家设计：PLAN BOX】

四角形箱式设计
简洁大方

材质和装修

屋顶 / 平屋顶（FRP 防水）

外墙面 / 灰浆

玄关门 / LIXIL

因为考虑到隐私问题，所以在靠道路方向上设置的窗户较少，线性的外观设计简练、大方，木门和绿色植被增添了柔和气氛，对讲机和邮筒的设置也恰到好处。
【K 家设计：LIFE-LABO 东埼玉】

用拱门开口和复古
砖打造自然风

材质和装修

屋顶 / 东洋瓦	**外墙面 /** 灰浆
玄关门 / 木门	**玄关灯 /** 金属制（定制）
大门前地面 / 复古砖	**车库 /** 枕木

外墙面上粉刷的是灰浆，大门前地面铺设的复古砖和车库铺设的枕木完美搭配。大门前栽种的绿植更加增添了自然气息。门廊处的拱门开口及定制的玄关灯也让人印象深刻。
【竹内家设计和施工：WESTBUILD】

深色钢板和板墙
间的撞色美

材质和装修

屋顶 / 镀铝锌钢板

外墙面 / 镀铝锌钢板

外部楼梯 / 枕木

屋顶和外墙面均使用镀铝锌钢板。二层阳台上的腰壁高度设置得恰到好处，在保护屋主隐私的同时，还和楼梯的材质形成了整体上的统一。车库旁栽种了绿植，和玄关相连的外部台阶用枕木铺设。屋主可以通过右手边的斜坡很轻松地把自行车搬上去。
【H 家设计：YURARI ARCHITECTS OFFICE】

围墙和天窗打造的方形建筑
充满了勃勃生机

材质和装修

外墙面 / 水泥砂浆

房子外观设计成硬朗的方形。为了保护室内隐私，在道路侧修建了与房子外观统一的围墙，二层阳台设置有天窗。外墙面上还留有抹子印，十分有个性。
【石川家设计：ATELIER SORA（SORAMADO）】

简洁的形式配以微妙的颜色，
颇有韵味

材质和装修

屋顶 / 三晃式

　　　瓦棒葺

外墙面 / 灰浆（通
　　　顶粉刷）

房子的外观极其简洁。二层的露台用高墙围起来，外侧墙一直延伸到道路侧。由于这堵墙的保护作用，打开玄关门后，外人也无法窥见屋里的情景，上面小小的开窗为设计增添了风采。
【宇野家设计：POHAUS】

黑色涂料和木纹材质的使用
体现和式风情

材质和装修

外墙面 / 黑色涂料（喷涂）、红杉木板（ 部分纵向镶嵌）

该地区有很多历史建筑物。屋檐探出的设计展现了和式风情。到底是将外墙面刷为白色还是黑色，刚开始的时候屋主也是苦恼了一番，后来选择了即使有污渍也不太明显的黑色。此外，屋主还在玄关外围纵向镶嵌了红杉木，用来调节整体颜色。
【加藤家设计：FCD 一级建筑士事务所】

方形外观配以木格子
的设计看起来时尚、大方

材质和装修

外墙面 / 镀铝锌钢板

露台 / 木格子

房子采取开放式外观设计，没有设置外墙和栅栏门。外壁选择耐用、无需经常维护的镀铝锌钢板，降低了修缮成本。房子的外观很时尚，从正面和背面看，整体呈方形，配以 V 字形屋顶。露台的木格子不仅为外观增加了色彩，而且可以很好地保护隐私，同时兼具通风、透光的作用。
【K 家设计：YURARI ARCHITECTS OFFICE】

互相重叠的
三个三角形屋顶
造型十分新颖

材质和装修

外墙面 / 木板（纵向镶嵌，原创设计）

纵向镶嵌的木板配以三角形屋顶，给人留下深刻的印象。二层露台的白色墙面使人眼前一亮。外部装修是负责施工的 Zen 建筑事务所的原创设计，外墙面的木板可以一块一块揭下来，以后修葺时可以节约成本。
【前田家设计：DININGPLUS 建筑设计事务所】

单向倾斜的屋顶
落落大方

材质和装修

外墙面 / 灰浆

车库 / 草坪绿化块

倾斜式的带有韵律感的平房屋顶，整体外观看起来比较简洁。刮砂装修风格的魅力在于能使外墙面凹凸有致。玄关前面的车库铺设有草坪绿化块，夏季十分凉爽，看着很舒服。【诸冈家设计：YURARI ARCHITECTS OFFICE】

玻璃块是亮点，建筑物和屋顶都采用极简风格

材质和装修

外墙面 / 白色涂料（喷涂）、护墙板

玄关门 / 木板

简洁的设计很吸引人。位于二层的儿童房上配置的玻璃窗格将玄关门衬托得很可爱。房屋正面是喷涂而成的，看不见的部分使用的是粉刷过的护墙板。玄关门用一块木板制作，节约了成本。室外设施草坪的铺设和围墙的粉刷均由屋主 DIY 而成。
【加藤家设计：NOANOA ATERIE】

铝锌合金镀层钢板搭配天然材料建造的高墙，别具一格

材质和装修

外墙面 / 铝锌合金镀层钢板

高墙 / 杉木板（涂有褐色防腐剂）

玄关门 / 依贝木（定制）

用杉木建造的高墙把一楼的露台围了起来，再配以铝锌合金镀层钢板做成的外墙，给人留下了大方、利落的印象。天然木材选用的是价格比较便宜的杉木，并在外面涂上了褐色防腐剂，这样不仅上面的木纹清晰可见，而且还透露出高级感。
【N 家设计：TOTOMONI】

独特的材质和隔墙打造的个性外观

材质和装修

外墙面 / 灰泥

隔墙 / 大理石

这是梦想着将来在自家开设一间咖啡店的夫妇的住宅。设计虽简单，但独特的材质和隔墙的划分方法给人以视觉冲击。墙的右侧是客人用的入口，左侧是家人用的玄关。把隐私区域和公共区域分割开的白色大理石隔墙让人印象深刻。二层部分的外墙面使用由火山灰制作的灰泥粉刷而成。
【上田家设计：LIFE LAB】

引人注目的奢华黑色住宅

材质和装修

外墙面 / 灰浆

腰壁（阳台）/ 木栅栏

屋主在杂志上看到了黑箱子造型的房子，对其一见钟情，于是委托设计方设计了相同的样式。黑色外墙面用灰浆粉刷而成。为了保护二层客厅、餐厅、厨房的隐私，专门设置了木栅栏，同时也为空间增添了亮色。玄关门廊采用了相同的设计，整体看起来奢华、大气。
【本山家设计和施工：TOTOMONI】

白＋黑打造时尚外观

材质和装修

外墙面 / 白色灰浆、镀铝
　　　　　锌钢板

围墙 / 白色灰浆

白色灰浆和镀铝锌钢板构成的外墙面让人印象深刻。围墙也采用白色灰浆，形成了统一的外观。
【横山家设计：DINING 建筑设计事务所】

用红杉木铺设的屋顶内侧
和翼墙充满了个性

材质和装修

屋顶 / 铝锌合金镀层

外墙面 / 护墙板、真石漆、红杉木（部分使用
    XYLADECOR 涂料）

屋顶内侧 / 红杉木（使用 XYLADECOR 涂料）

玄关门 / YKK AP

木制台 / 美国西部侧柏

这个房子只有正面的墙壁进行了粉刷，侧面和背面都是铺设的护墙板。此外，没有修建围墙，而是用草坪来保持水土，从而有效地节约了成本。房屋一隅的红杉木和木栅栏为庭院增加了勃勃生机和温暖的感觉。草坪的绿意与BONBOBI 红色邮筒相映成趣，是庭院中一道别致的风景。
【杉本家设计：FREEDOM ARCHITECTS】

酒红色外墙面
搭配一面坡屋顶

材质和装修

屋顶 / 铝锌合金镀层   **外墙面** / 铝锌合金镀层

玄关门 / 木门（花旗松）

房顶呈一面坡式倾斜，看起来清爽、简洁。西洋参作为院落中的代表性植物，与酒红色外墙面的搭配堪称完美。由于小石子的造价比较高，所以只在部分位置铺设了石子，剩余的部分铺设了草坪。"我很喜欢植物，所以一边生活一边打理这些植物对我来说真的是一种享受。"屋主说道。【U 家设计：KIRIKO BUREAU D' ARCHITECTURE】

简洁、大方的白色三角形屋顶

材质和装修

屋顶 / 铝锌合金镀层   **外墙面** / 水泥砂浆

玄关门 / 柚木平开门（定做）

这座房子朝向大路的大门关闭，在庭院一侧设置了一个较大的开口。木门在纯白色外观的衬托下显得格外有魅力。木制大门前各种物品和路标自然地散落于周围，成为一道别致的风景。粉刷后的外墙面透气性良好，不仅可以防止结露，而且很耐用。
【仲川家设计和施工：D'S STYLE】

其他

外部结构和绿植都是在 BROCANTE 定做的。前门地基狭长如旗杆状，香草和果树长势良好。整个前门好似花园一般，散发着勃勃生机。
【名越家设计：PLAN BOX】

1

2

图 1/ 外部结构委托东京自由之丘的人气店 BROCANTE 制作而成。"由于需要一个放置自行车及杂物的地方，所以想做一个既有品位又兼具这个功能的空间"。建成后的样子和屋主想象中的一模一样，非常棒。图 2/ 无论是放置物品的地方还是储藏室，都非常可爱，与木制台之间形成一个和谐的统一体。
【I 家设计和施工：B'S SUPPLY】

夫妇二人都非常喜欢冲浪，所以在简易车库一角设置了一个淋浴装置。当他们从海边冲浪回来后可以在这里淋浴，舒适又惬意。
【O 家设计和施工：B'S SUPPLY】

前门被绿植环绕，地面铺设的是带有复古风情的地砖。地砖是在家居建材商店 HOME CENTER 中购入后屋主 DIY 的。
【内田家设计：PLAN BOX】

案例 4

土间与客厅、餐厅、厨房直接相连，布局巧妙，大人和孩子都乐在其中

加藤先生（琦玉县）

这是一个幸福、快乐的五口之家，加藤夫妇都有工作，两人育有三个孩子。大女儿正在上小学二年级，两个儿子一个在上幼儿园大班，另一个刚两岁。"房子是长腾先生设计的，他和我们夫妻二人有着相似的设计理念，所以我们非常放心。我们把在杂志上看到的图片或者想法告诉长腾先生，在这样的过程中设计逐渐清晰。"屋主说道。

Living

土间与客厅相连
形成宽敞的开放式空间

打开玄关，一片异常开阔的空间就呈现在眼前。土间居然有 8.2 m 长，并且直接与客厅相连，非常壮观！孩子们可以在土间嬉戏、玩耍，大人们可以在此发呆、晒太阳，生活舒适而惬意。

地面

三层桃木板、混凝土

墙面

乙烯基壁纸（RUNON），部分使用魔术漆（壁纸油漆，又称液体壁纸、魔术漆或印刷油漆）

玄关和客厅的一部分墙体被粉刷成白板墙。粉刷时使用的是 IDEA PAINTS 的漆，涂鸦时使用专用笔，无论在上面怎样涂涂画画，用布一抹就掉了，非常方便。

土间中设计了椅子，非常舒适。地面使用的是复合实木地板，依墙而建，与墙壁形成 90°的直角，宛如走廊般惬意。油漆是家人一起动手粉刷的，留下了美好的回忆。

Dining

明黄色的壁纸鲜亮、突出，构成了赏心悦目的饮食空间

这里是餐厅一隅，餐桌与餐厅柜台平行设置。设计师依靠承重柱建了一面墙，用来放置冰箱，从厨房可以直接到达这里。黄色壁纸使餐厅变得明快而令人愉悦。

地面

三层桃木地板

墙面

乙烯基壁纸（RUNON）

土间的窗户非常大，明亮、洁净的窗户增加了空间的开阔感。厨房的墙壁上也设计了一扇宽大的窗户，有利于空气的对流。

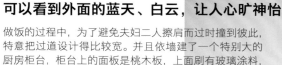
Kitchen

通顶设计把一层和二层连接起来，站在二层还可以和一层的家人聊天

透过厨房大大的观景窗可以看到外面的蓝天、白云，让人心旷神怡

做饭的过程中，为了避免夫妇二人擦肩而过时撞到彼此，特意把过道设计得比较宽。并且依墙建了一个特别大的厨房柜台，柜台上的面板是桃木板，上面刷有玻璃涂料，使用起来非常方便。

地面
三层桃木地板

墙面
乙烯基壁纸（RUNON）

厨具
主体：建造（I型，宽度约500 cm）
抽烟机：MINIMAL
水龙头：KAKUDAI

厨房台面
桃木板（刷玻璃涂料）

一层是公共空间，二层则是私人空间，为了进行区别，楼梯没有设置成开放式的，而是用墙壁围起来。

加藤夫妇之前在租住的公寓里生活，有了第二个孩子后，就开始着手建造自己的房子。"当时就想着好不容易盖起来的家，一定要建得温馨、舒适"。于是加藤夫妇开始在网上找设计事务所，经过比较后决定委托给 STURDY STYLE 事务所。这家事务所以创意见长，这点非常符合加藤夫妇的要求。

当初做计划时，加藤先生迫切希望设计一个土间。"祖父母家有一个土间，农作间隙可以直接在土间休息，不

用回到起居室，非常方便"。因此，加藤先生也非常想要一个这样的土间。土间还设置了长椅，整个空间让人熟悉而又亲切。

空间的细节处也设计得非常棒，一层基本上没有设计门和墙，土间和客厅、餐厅、厨房及宽大的窗户形成了一个有机的整体，整个空间看起来非常大。"竣工后进来一看，空间开阔得让人惊艳"！

Kid's room

色彩鲜艳的壁纸和攀岩墙
充满童趣

儿童房的顶棚高低错落、张弛有度。
低的部分给人以恰到好处的密闭感。
彩色的墙壁也让人赏心悦目。

为了打造适合孩子玩耍的家，在网上购
买了船、蝴蝶结等各种色彩鲜艳的攀岩
点，并安装在通往阁楼的墙上。为了保
证安全，还对这面墙进行了加固处理。

阁楼的下方是儿童房的入口，把顶棚的
高度压到 1.8m 左右。适度的密闭空间
宛如秘密基地一样，孩子们在这里玩得
非常开心。

地面

三层桃木地板

墙面

乙烯基壁纸（RUNON）

　　厨房上部采用通顶设计，与二层的走廊连成一体。
整个空间丝毫没有割裂感，即使家人不在同一个房间也
可以相互聊天。

　　夫妇二人对儿童房的设计也比较上心。设计师以"打
造孩子能尽兴玩耍的家"为理念，为孩子设计了阁楼，并
且把其中一面墙设计成攀岩墙，孩子们顺着攀岩墙很快
就爬到了阁楼上。此外，把客厅的一面墙粉刷成了白板墙，

用布就能擦拭干净，所以孩子们可以在上面随心所欲地
写写画画。当然，土间也是一个很好的游乐场所。

　　新家建成后，又添了新的家庭成员，房间的每个角
落都充满了孩子们的欢声笑语。"这生活够惬意，这就是
我想要的理想的生活。"屋主笑着说道。

和室是个独立的房间，可供客人使用。入口处的墙面和顶棚都被刷成黑色。门一开，一个时尚而雅致的宽阔空间就呈现在眼前。

详细信息

家庭构成：夫妇俩 + 三个孩子
占地面积：119.67 m²
建筑面积：63.34 m²
总面积：115.10 m²
　　　　一层 60.85 m²
　　　　二层 54.24 m²
结构和工法：木制二层建筑（集成木材构件方法）
工期：2010 年 12 月—2011 年 4 月
主体工程费：约 103 万元
单价：约 1.1 万元 / 平方米
设计：POLUS GROUP
　　　STURDY STYLE
　　　一级建筑士事务所
网址：www.yihaus.com
施工：POLUS GROUP
　　　POLUS-TEC

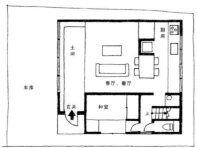

2F

1F

房子的造型是简洁、清爽的立方体。玄关门廊呈方形，施工时特地请人做的蓝色邮箱为空间增加了亮丽的色彩。二层设计了室内阳台，用来晾晒衣物。即使是下雨也不用担心衣物晾不干的问题。

屋顶
铝锌合金镀层

前门
LIXIL

外墙
灰浆 + 娇丽彩砂

设计的重点

STURDY STYLE 一级建筑士事务所

长藤昌靖

　　房屋设计的关键不在于形，而是实用。从土间、客厅到厨房，通过通顶设计把一层和二层衔接成一个完美的有机体，整个开放式空间雅致、时尚。从白板漆粉刷成的墙、可以仰望蓝天白云的观景窗，再到可以直达阁楼的攀岩墙，充满童真乐趣的设计无处不在。土间及对面的厨房沿水平方向设计了宽大的窗户，视野开阔、通风性良好。

选择墙面材料时的要点

灰浆和硅藻泥有何不同

灰浆的原料是消石灰，常粉刷成纯白色，具有不易碎的特征，但是由于需要涂抹两次，所以施工费略高。硅藻泥的原料是硅藻，原本就带有黄色。硅藻泥可以混合树脂进行涂抹，单独使用的话坚固性就没了，在手容易触摸到的地方（墙壁的边缘等处）很容易破碎。硅藻泥刷一次即可，无须二次涂抹，因此施工费比较便宜，适合 DIY。

硅藻泥的性能因产品不同而有所差异

硅藻泥由以微米为单位的微粒子构成，每一个微粒都含有无数个细微的孔。正是因为有这些孔，硅藻泥才具有调湿性、保湿性、隔音性、吸附气味等功能。但是由于硅藻泥本身不能吸附于墙面，所以在制造的过程中会混入一些合成树脂以增强其附着能力。有时合成树脂会降低硅藻泥的功能，所以在购买时应比较各公司产品的成分数据后再进行选择。

了解灰浆的性能，在合适的地方利用灰浆

灰浆容易吸收湿气和污渍，不能用水擦拭，应尽量避免用于卫生间、厨房等和水有直接接触的地方及特别容易脏的地方。虽说灰浆具有调节湿度的功能，但只有涂抹厚度达到 1cm 时才有效果。

还在为怎么使用水泥砂浆而困惑吗？

不同的水泥砂浆不仅在质地和颜色上有差别，而且根据涂抹的方法不同，给人的印象也有很大差异。涂抹到垫子上的话，就看不出抹子印。用这种方法能粉刷出的墙带有高冷的时尚感。稍微有些痕迹的涂抹方法，则适合自然装修风格。如果涂抹痕迹过于明显，会不耐看，因此建议粉刷时不要太使劲。话虽如此，其实粉刷方法和泥瓦匠的品位有很大关系，因此最好在开始前请他们事前多看些施工案例。

认真讨论施工成本很重要

与壁纸相比，硅藻泥和灰浆等水泥砂浆比较费时，所以成本较高。如果既想节约建筑成本，又想做成泥灰墙，可以使用不需要进行底层灰浆粉刷等施工比较简单的产品。这样的话不仅工期短，而且可以降低成本。若是不仅注重天然材料的功能性，也特别喜欢质感的话，建议大家选用这种产品。

如果想做成泥灰墙，就找业务熟练的专业团队来做

用硅藻泥和灰浆等粉刷墙面的人越来越多，但与此同时，高水平的泥瓦匠人数在下降。因此，并不是任意一家装修团队都能做得了这项工作，有的会以"没有施工经验"为由拒绝接受这项工作。如果被拒绝后，依然想要使用硅藻泥来粉刷墙面，可以先订购少量产品，请泥瓦匠试用，或是让制造商给些建议。施工方自己也要努力去找专业人员。

使用大花纹
或颜色醒目壁纸的秘诀

　　壁纸看厌了就可以更换，而且比较简单、方便，所以使用时完全可以哪里喜欢就贴哪里。目前比较流行的做法是只在一面墙上有选择性地贴上墙纸，在素色墙壁的衬托之下，更能凸显壁纸花纹的美丽。进口壁纸样式多、人气旺，但是也存在一些问题，比如：贴壁纸时容易起褶皱，或者壁纸过厚导致容易剥落，又或是难以施工等问题。还有的则是因为进口壁纸比日本壁纸窄，从而导致材料的浪费问题。

如果使用进口壁纸，
建议寻找熟练的专业人士

　　乙烯基壁纸施工简单，使用也比较广泛，但是，专业人员却在减少，因此，并不是所有的室内装修店都可以揽过贴这个活，据说有的从业者还拒绝过贴进口壁纸的工作。要想使用对施工技术要求比较高的进口壁纸，首先要有工期和费用上的心理准备，并且要寻找合适的专业人员。据说有的室内装修从业人员还兼做隔扇的更换工作，这些人员很擅长纸张的处理。也可以请制造商推荐擅长粘贴壁纸的专业人员。

选择壁纸时
先设想下房间布局

　　不管是新房还是翻修的房子，我们在选择壁纸时，通常的做法是从厚厚的样品本中进行选择。在看完上百种样式后，往往会头昏眼花，更别说选出中意的样式了。这里有个小建议：首先在脑海中想象下自己想要的房间样子，等有了想法之后再翻看样本。然后，集中精力一气呵成，选出自己喜欢的壁纸。此外，可以参考下专业室内设计师亲自操刀的公寓样板房或者住宅展示场展示的样品房。

选择高人气的自然材质系
列壁纸时的注意事项

　　常用的住宅用壁纸是乙烯基壁纸，近年来自然材质的壁纸也很受欢迎。比如有以植物自然纤维为原料制作而成的纸壁纸、织物壁纸等。与乙烯基壁纸相比，这种壁纸更具透气性，但是需要注意的是，如果防污膜涂得较厚的话，会使其失去透气性功能。此外，自然材质系列壁纸其实也分为不同类型，有的自然材质只占到5%的比例，所以在选购时要先确认。

墙面的颜色和材质搭配
怎样才能做到万无一失？

　　墙面在空间中所占的比例最大，墙面的形象决定着房屋给人留下什么样的印象。所以选择墙面颜色及材质时要慎重，要能同时兼顾到后期摆放的家具或杂物，即所有这些物品搭配在一起时，既不容易让人产生审美疲劳，也不会撞色。一个很重要的原则是：包含内部装修在内，空间中不要超过三种颜色。比如，墙面为白色，地面为茶色，厨房周围瓷砖为浅茶色，这样的话到了后面无论添加的物品是什么颜色，都可以驾驭。此外，即使同为白色，带有光泽和不带光泽也有天壤之别。如果追求自然风格，推荐选择没有光泽的。尽可能参考面积较大的样板间，以确认这之间的差异。顶棚和墙面选用相同的颜色，看起来不仅统一，而且简洁、大方，不失为一种好方法。

学会欣赏
灰浆墙上的污渍和伤痕

使用一段时间后，灰浆墙上一定会产生裂缝，又称为"发丝裂纹"。特别是在石膏板上进行粉刷，石膏板接缝会产生裂纹。对此，有些人会比较介意。此外，后期修补及重修时不能进行覆盖粉刷。另外，污渍等是不能用湿布擦拭的。对于比较严重的污渍，可以用膏状的灰泥抹在上面来掩盖。不管是哪种情况，把这些当作是岁月的一种馈赠就好啦！

硅藻泥上的小污渍
自己就能清洁

手印等污渍用橡皮擦就能清除掉，如果是酱油等污渍的话，将浸有漂白剂的布按在印迹上轻轻拍打即可清除。如果墙皮松了，可以将松的那一部分削掉然后重新涂刷。如果整体风格走的是粗犷路线，比如墙上留着抹子印迹的话，即使个别地方进行重刷也不会很明显。这种墙面不像贴壁纸或粉刷那样省事，所以要用豁达的胸襟来看待上面的痕迹或者污渍。不要把这些污渍当回事，

要能欣赏这种岁月的恩赐，否则就需要定期维修，花费异常昂贵，不亚于重建。

粉刷墙脏了的话，重新粉刷即可

手或者吸尘器碰到墙后，不可避免地会在上面留下手印或者污渍。与贴乙烯基壁纸的墙相比，采用擦拭来除污渍的方法对于粉刷墙来说，效果不是很理想。如果只是小片污渍，尚可用干布轻轻拭去。面积较大的污渍或者经年累月留下的痕迹则很难除去。最好重新粉刷一次，当然，粉刷的频率和墙壁的颜色也有关系。一般来说，4~5年重新粉刷一次是较为理想的。

乙烯基壁纸打理方便

据说乙烯基壁纸的打理是最轻松的。隔段时间用吸尘器吸下灰尘，或者用干毛巾擦拭一下就可以保持洁净。另外，用湿布擦拭也是可以的，因此在特别容易脏的地方，比如厨房墙面等处，可以用稀释后的中性洗涤剂擦拭去污。像这样每隔一段时间就进行打理的话，用个十来年也没有问题。此外，需要注意方式，日常清洁的话使用掸子去除灰尘即可。

铁杆：铁，铁制品。将在欧洲发展的手工艺锻铁称为"锻铁"。

丙烯酸清漆：使用丙烯酸做成的涂料。具有速干、耐摩擦的特性，被广泛用于家具装修。

依贝木：原产于南美的紫葳科的阔叶树。比较重且质地坚硬，加工时如果不先在上面打好孔，后期很难把钉子楔进去。因其结实、耐用，所以多用于建筑物的地基和木制台。

聚氨酯涂饰：涂抹聚氨酯树脂后，表面会形成一层泛着光泽的透明膜，不易损伤、变脏。此外，还耐热、耐水，易于打理，但看起来比较廉价。

中密度纤维板（MDF）：全名为 medium density fiberboard，将木材纤细的纤维在高温、高压下进行压缩，加工成板状制作而成。表面光滑，易于加工，多用于家具和门窗隔扇等。

桦木：桦木科阔叶树，又叫作桦树。类白色中带有黄色，比橡木柔软，易于加工，多用于制作木地板。

镀铝锌钢板：以在1972年开发的铁板为基材制作而成的铝锌合金镀层钢板。由于具有铝的耐腐蚀和耐热性及锌的防腐作用（据说耐酸雨及盐的腐蚀），常用作室外墙面和屋顶材料。

不上漆木材：去掉树皮后的木纹肌理保持着原有的状态，不涂抹任何油漆而制成的产品。

桐木：玄参科阔叶树，芯材和周边材质没有什么区别，整体上由浅红白色过渡到浅灰白色。在日本原产木材中质量最轻，吸湿和放湿都较快，所以适合用于制作衣橱和多屉柜。

弹性地板：用乙烯涂敷过的带有弹性的地板。由于防水性佳，所以常用于厨房、盥洗室、洗手间等处。

饰面板（又称为天然饰面板）：使用各种方法加工而成，使合板的表面看起来美观。其中一种方法是将切成薄片的珍贵木材贴到上面，乍一看让人以为是实木板。

榉木：榆树科的阔叶树，纹理美观，质地密实，富有弹性。在日本一直以来都

用作结构材料。

三合板：把木材切成薄片，沿着与纤维垂直的方向摆放奇数层，然后用黏结剂黏结而成。（图1）

阔叶树：广泛分布于温带及热带。一般来说，树干较粗且枝繁叶茂，树叶像摊开的手掌一样。质地坚硬，重量大，很少发生翘曲和收缩，被广泛用于制作木地板、家具。

病态住宅（sick house）：房子材质中所使用的有机溶剂、黏结剂中含有污染室内环境的化学物质，我们称之为病态住宅，由其引发的头痛、目眩、眼疼等现象称为病态住宅症候群。

复合板：将细细的角材沿着纤维方向叠合、黏结在一起制作而成，最大的特点是没有弯曲和翘曲，多用于结构材料、家具中。（图1）

针叶树：广泛分布于温带、亚热带地区，拥有针一样的细尖，松木、杉木、日本扁柏、日本花柏等都是针叶树。树干笔直地伸展，多数是常绿树，材质较软。

原浆型质感涂料（STUCCO）：消石灰和大理石粉等混合而成，原本是一种涂料，涂抹后会拥有大理石般的表面。现在用水泥灰浆也能做出很有质感的外观。既可以厚涂，也可以采用喷涂的形式，我们称之为"仿STUCCO风格"。

钢铁制品：钢与铁制品，是以铁为主要成分制作而成的合金，在建筑物上常用作结构材料等。

着色剂：给木材上色的上色剂，有油性和水性之分。

娑罗双木：原产于东南亚的龙脑香料阔叶树。质地虽硬却很易于加工，不用担心白蚁和微生物的侵害。同时还具有很强的耐腐蚀性，所以常用作木制台。

水曲柳：木犀科阔叶树。拥有美丽的纹理，质地坚硬，很少有歪斜，常作为地板、家具、乐器等的材料。

刨切薄木：切削成薄薄的天然木材单板，用作合板的表面起到装饰作用。把珍贵木材切片后，粘贴于合板等表面后制成的板称为饰面板。

木地板：多用实木板和三合板等木系地

板材料。一般采用阶梯拼贴法的铺设方法，此外还有人字形拼贴法、田字拼贴法、鱼骨拼贴法等方法。（图2）

枕木：为了保持铁轨之间的平行间隔及铁轨的稳定性而铺设在轨道下面的支撑部件。曾经枕木的材质都是木材，近些年来多采用钢筋混凝土制轨枕和强化塑料制轨枕。木制枕木多采用硬实、耐用的橡木和栗木，所以退役后的枕木还可用于造园或室外设施。

实木板：用采伐的完整原木加工而成的木板或者方材就是实木板。木口处可以看到年轮，按照木板接缝和直木纹分类。内部含有空气，具有优异的隔热性和调节湿度的性能。因湿度或温度发生变化，很容易产生翘曲或者裂缝。（图1）

灰浆：水泥、砂石及水混合后制作而成的水泥砂浆，水干后会变坚硬。此外，还具有耐火性，常用于室外墙面的装修、室外设施及贴地砖前的基层处理。

涂清漆：将树脂等融化后制作而成的涂料，用来涂抹木材的表面。具有光泽，能感受到木材的质感，由于膜较薄，所以防水性差。

柳桉木：龙脑香料阔叶树，是南洋木材中的代表，非常易于加工，所以多用于制作三合板。不耐虫害，所以在使用时需要进行防虫处理。

锻铁：锻铁、炼铁。将在锻炉中变热的铁进行捶打或者弯曲变形制作而成。在建筑上常用于门、窗格子、台阶扶手、家具框架。

图1　　　　　　　图2

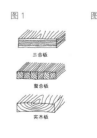

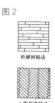

PART 7

包清工和DIY
的成功要诀

用心发现好设计！
包清工成功的要诀

现在，装修用的部件和设备器材等物品可以很容易在网上买到，所以包清工这种装修方法迅速流行起来。虽然这种形式很方便，但有时也会带来一些意想不到的麻烦，以下列出了大家要注意的事项。
【协助拍摄：宫地亘设计事务所】

在听取专业人士意见的同时，
谨慎推动装修工作的进行

　　包清工即由业主购买材料、设备、装修部件等，然后交给装修承包方进行装修的方法。通过装修公司购买装修材料和设备时需要付给其一定的费用，而包清工这种方法不仅节省了这部分费用，而且在网上购买材料的价格会更低，因此降低了成本。此外，还可以很方便地买到装修公司店里没有的用品。选择的自由度也大，可以根据自己的喜好随便挑选。

　　另一方面，为了保证施工的顺利进行，需要和设计师及装修公司密切联系，随时沟通进行过程中的问题。比如，买什么，买多少，什么时候由谁来收货验货等。需要确认的事情数不胜数（不耽误工期是重中之重！），遗漏任何一项都可能会导致工期停滞。因此，需要考虑成本和工期之间的平衡，最好在自己能够承受的范围内进行尝试。另外，包清工的物品中如有不合格产品，要直接和销售商而不是装修公司联系。鉴于此，如果要购买进口产品，建议选择在国内有代理商的产品，这样比较省心。

成功的关键点 ·················· **1**

放置榻榻米

成本降低指数	★★★★☆
难易度	★☆☆☆☆

打理轻松
后期更换也简单

Homecenter 等地方经常可以见到榻榻米的身影，其使用方便，价格亲民。西式房间铺设榻榻米后瞬间化身成和式风格，撤掉后又变回了西式房间。但是，也存在一个技术难题：榻榻米的大小和房间尺寸的吻合性较难把握，因此需要拜托木匠师傅帮忙铺设。

成功的关键点 ·················· **2**

照明

成本降低指数	★★☆☆☆
难易度	★☆☆☆☆

确认安全性
乐享装修

照明的灯罩可以按照自己的喜好自由选择，在包清工中人气排名第一。需要注意的是软线、插座等可能引起火灾的部件。购买时要选择达到安全标准的产品。

成功的关键点 ·············· **3**

卫生间、洗手池、水龙头

成本降低指数	★★★★☆
难易度	★★★☆☆

为了避免纠纷
应听取专业人士的意见

一方面，听从专业人士的意见可以大幅度降低成本。另一方面，作为非专业人士，在订货和验货方面可能会有些困难，所以需要和设计师及装修公司好好地商量确认。此外，需要确认好"整套"订单中都包含什么物品，防止发生发重货和漏发货的现象。

成功的关键点 ·············· **4**

门窗隔扇

成本降低指数	★★★☆☆
难易度	★★★☆☆

零件是否安全
质量是否合格等都需要确认

门、窗、门窗隔扇是否包含窗框、把手、合页等部件，这些都需要一一确认。要确认黏结剂中是否含有有害物质后再进行购买。

成功的关键点 ·············· **5**

建材

成本降低指数	★★★☆☆
难易度	★★★★★

确定地板所用木材量
是一件非常有难度的事情

非专业人士很难根据平面图计算出所需地板数量。通常情况下订购的量比面积大 10%，即便如此，有时还是会出现浪费、超出预期而不得不追加订货的情况。这样一来就会导致工期的延迟。木材的翘曲和节子的利用等材料质量方面的问题最好也请专业人士帮忙看下，会比较省心。

成功的关键点 ·············· **6**

整体橱柜
一体化浴室

成本降低指数	★★★★☆
难易度	★★★★★

巧用商品展出室
和装修公司好好磋商

由于厨房和浴室的水电管线比较复杂，所以需要和施工者保持密切联系。建议先请商品展出室做一份报价单，然后请施工者看一下整套内容中所包含的项目。只要知道项目产品编号后就可以在网上以较低价格买到，非常划算。

自己动手打造美丽家园！
DIY 成功的要诀

DIY 形式多种多样，难度也各不相同。当然这一切都因人而异，此外还有适不适合的问题。下面介绍一下主要的 DIY 种类和施工时的秘诀。

全家总动员，一起 DIY，
收获成就感与美好回忆

　　DIY 的最大好处在于一切可以按照自己的喜好来。比如，自己很想保留"粉刷墙时留下的抹子印"，但是工匠师傅对抹子印比较抵触等诸如此类的事情。如果是 DIY 的话，则不存在这个问题。另一个好处则是对房子的爱会与日俱增。哪怕是 DIY 时有些地方不尽如人意，也不会嫌弃，因为注入了自己的心血。当然，由于只有成本费，木工和泥瓦匠的费用都节省了下来，同时也降低了成本。

　　但是如果 DIY 的初衷是为了节省成本，建议要慎重。"等材料和工具置备齐全后，一算费用，居然和请装修公司来做的价格差不多"，这样的例子也屡见不鲜。熟练工数日之内就可以搞定的工作，初学者可能要花费数周时间。所以首先要冷静地算一下花费的劳力和费用，然后再做决定。

　　此外，可以 DIY 的只有装修部分，有关建筑物的结构就不要尝试了。

成功的关键点 ················· **1**

上蜡、粉刷

成本降低指数	★★★★☆
难易度	★☆☆☆☆

简单不易失手，
建议初学者尝试

给地板上蜡时，即使有些地方不均匀也不会太明显，初学者可以挑战一下。墙壁的粉刷也是如此。只要做好前期的基础工作，基本上不会失手。等到对颜色产生审美疲劳时，重新粉刷即可。

成功的关键点 ················· **2**

开放式置物架和
桌子的制作

成本降低指数	★★★☆☆
难易度	★★☆☆☆

委托家居建材商店切割材料
后组装如此简单

简易置物架、柜台、桌子等的制作比较简单。制作简易置物架只需要把板摆放在五金架上即可。切割木材时既可以委托给相关店铺，也可以使用圆盘锯自己进行切割。使用电动螺丝刀来固定螺丝非常方便。制作置物架时一定要利用承重柱。可以购买一个结构探测仪来探测承重柱的位置。

成功的关键点 ·· **3**

贴瓷砖

成本降低指数	★★★☆☆
难易度	★★★☆☆

**家具上贴瓷砖比较简单，
水槽等处则比较难**

在不使用水的柜台和桌子等处上装饰性的瓷砖相对比较
简单，比较难的是在洗手池和厨房等需要用水的地方贴瓷
砖。如果非要在这些部分尝试，建议先向专业人士请教如
何做好基础防水工作，以防止接缝处渗水，造成房屋损坏。

成功的关键点 ·· **4**

贴壁纸

成本降低指数	★★★★☆
难易度	★★★★☆

**基层处理是关键，
先进行小面积尝试**

贴好壁纸的关键在于：接缝处理要完美，墙体要平整。特
别是和纸壁纸等材质比较薄，墙体很容易出现凹凸不平的
现象。此外，胶干了之后壁纸会收缩，这点也要考虑到。
有些墙纸需要对花，这对施工技术的要求比较高，适合能
力强的人。

成功的关键点 ·· **5**

木制台和
室外设施的制作

成本降低指数	★★★★☆
难易度	★★★★★

**房屋外围环境变化剧烈
看着操作简单实际难？！**

木制台的配套元件齐全，做起来好像比较简单，实际上却
并非如此。没有经验的人很难将地基做成水平状。即便当
时做成了水平状，很有可能随着时间流逝而下沉、倾斜。
为了疏通雨水，门廊等外部结构需要带有一点倾斜度，这
些结构的建造都很考验个人的技能水平。

成功的关键点 ·· **6**

泥瓦活

成本降低指数	★★★★☆
难易度	★★★★★

**通过体验
确定是否适合**

使用抹子的活，比如涂硅藻泥等比较考验个人技能。有的
人是自己先做，"受到挫折后再交给泥瓦工来做"。为了避
免这种情况的发生，建议先在厂商提供的体验室进行体验，
以确认自己是否能做。使用滚筒而不是抹子，用已经拌好
的产品材料进行练手。

最后一步用自己的双手来完成!
DIY& 有屋主参加的房屋建造

案例 1

用双手刷出的墙壁
哪怕留有抹子印,
在我眼中也最美!

N 先生（大阪府）

此处自己动手

二层的硅藻泥墙壁

屋主想将屋子装修成清新、自然风格,于是地面使用具有一定厚度的杉木地板。家人一起涂刷而成的硅藻泥墙面具有治愈作用,整个空间清爽、舒适。【设计和施工：FUTUDA-LLD】

此处自己动手

N先生委托认识的泥瓦工师傅代买了"四国化成"的硅藻泥，然后自己进行了涂刷。"虽然刚开始不会刷，同一个地方刷来刷去总是弄不好。但是熟能生巧，熟练之后效率就高多了"。抹子印也因人而异，先定好地方再刷比较好。

DIY体验谈

Q. 你觉得DIY有哪些好的地方？

家人一起花时间去做这件事，会发自内心地有"建成了属于我们的家"这种自豪感。我觉得包括维护在内，都可以自己来做。

Q. 有哪些艰辛和困难出乎你的意料？

比较难的是上面部分和角落处。做到一半的时候我们去买了粉刷角落处专用的抹子。另外，由于孩子当时还比较小，所以还需要将孩子送到幼儿园或者老家，为此不得不来回奔波，最后累得脱层皮。

Q. 有没有降低成本？

与请专门的泥瓦工师傅相比，大约节省了8325元，与使用壁纸相比，大约节省了5055元。

Q. 有哪些建议？

万事开头难。四年后的今天，回想当时做的决定，我觉得自己进行DIY的选择果然是正确的。所以只要时间允许，还是希望大家去挑战下。

左图/在寒冷的二月，和朋友一起在闷头工作。
右图/孩子俨然成了工人师傅，在一旁忙得不亦乐乎。

此处自己动手

建筑物周围铺设有防盗用的石子，只有玄关前一角铺设的瓷砖是DIY作品，"由我老公和孩子共同打造而成"女主人笑道。

案例 2

因为爸爸的参与

对家的爱

也与日俱增

T 先生（琦玉县）

此处自己动手

厨房背面柜台处贴的是
25 mm宽的瓷砖。在开放
式置物架安装的搁板及布
帘都是屋主自己制作的。

此处自己动手

儿童房、卧室、卫生间硅藻泥墙的涂刷

厨房柜台上瓷砖的铺设

置物架、镜子、挂钩等的安装

窗帘轨的安装

客厅、餐厅、厨房以白色为主色调，用可
爱的小物件作点缀，整个空间明快、敞亮。
地面采用的是松木地板，并用 LIVOS 的自
然涂料粉刷成了白色。
【设计和施工：FLOWER HOME】

此处自己动手

镜子、收纳箱、置物架、毛巾架的安装都是屋主DIY的。"虽然一开始打算洗脸台上的瓷砖也由自己来贴，但由于时间不够，只好作罢，最后交给专门的师傅来做了"。

此处自己动手

客厅、餐厅、厨房窗帘轨及孩子玩乐处窗帘轨的安装都是DIY。窗帘轨在NORTHERN-LIGHTS购得。

此处自己动手

用硅藻泥装饰墙面。光线打在上面后会变得非常柔和，透露着硅藻泥墙特有的柔美。由于硅藻泥具有调节湿度、除臭的效果，所以就连卫生间也成了一个舒适的空间。

此处自己动手

儿童房的墙面上用的是跟客厅一样的硅藻泥。"原本想着顶棚处也使用硅藻泥，但由于时间不够，最后只粉刷了下"。

此处自己动手

沙发后面的室内窗上安装了一个装饰置物架。对木板进行了做旧处理，充满了迷人的气息。MATERIAUX-DROGUERIE置物架是在HANDLE-MARCHE购买的。

DIY体验谈

Q．你觉得DIY有哪些好的地方？

以前就想着把所有房间墙面都刷上硅藻泥，现在这个梦想终于实现了。由于是我老公亲自完成的，所以对家的爱意也倍增。

Q．有哪些艰辛和困难出乎你的意料？

在这之前，我老公对装修完全一窍不通，所以对于他来说需要施工的面积真的太大了，难度也超出了想象。要是我能帮上忙的话就太好了，但是孩子比较小，所以只好由老公一人全包了。

Q．有没有降低成本？

是的，大大地降低了成本，在预算范围内还把壁橱粉刷了。

Q．有哪些建议？

重点是弄清楚自己能做什么，然后量力而行。尤其需要注意的是，要和装修公司就工期问题进行密切联系。不管是工期还是材料，都要留有余地。建议使用混合好的硅藻泥和灰浆。

左图／和爸爸一起涂墙，所以这是在帮忙吗？
右图／壁橱上留下了家人的手印。

案例3

夫妻同心，其利断金

虽然累

但都是美好回忆

Y 先生（兵库县）

此处自己动手

家中所有墙面和顶棚的粉刷、

地板打蜡、停车处的栅栏

屋主希望装修出来的既不是田园风格，也不是和式风格。地面材料采用的是松木地板，墙面和顶棚用水性涂料粉刷而成。顶棚上的房梁也很有特色，木柱子和承重柱并排而立，像一首舒缓的歌曲。
【设计和施工：森井住宅工房】

此处自己动手

顶棚也要进行基础处理，使用滚筒刷两次水性涂料。站在脚手架上手一直举着，仰着脖子，累得腰酸胳膊疼。

此处自己动手

窗框等的保养也是自己弄的，边边角角都做得非常仔细。使用的是设计和施工公司提供的工具和材料。

此处自己动手

右手边的木制栅栏也是 DIY 作品。为了让左手边停车处栅栏和设计相搭配，用"XYLADECOR"进行了涂饰。

DIY 体验谈

Q．你觉得 DIY 有哪些好的地方？

俗话说，夫妻同心，其利断金。自己动手虽然累，但是很有成就感，并且留下了很多美好的回忆。即使孩子把墙面弄脏了，我们也不会生气，会觉得，"多大点事呀，重新刷一遍就完事啦"。这种感觉也很棒。

Q．有哪些艰辛和困难出乎你的意料？

填充腻子及打磨砂纸这两项工程难得超乎想象，完事时别提有多高兴了。整个过程中总觉得竣工遥不可及。两个人最后都是腰酸腿疼脚抽筋，不得不用热毛巾敷。

Q．有没有降低成本？

嗯，大约省了 4.65 万人民币，并且实现了我定制厨房及采用实木地板的梦想。

Q．有哪些建议？

设计师森井一开始就告诫我们，"基础工作是重中之重"，真的是这样的。基础工作做不好，美就无从谈起。

站在脚手架上对顶棚进行基础处理。

案例 4

DIY 的魅力就在于从无到有过程中收获的满满的成就感！

Y 先生（兵库县）

客厅、餐厅有十六个榻榻米大小。客厅采用通顶设计，阳光从朝南的窗户里洒落进来，整个空间舒适、敞亮。定制的钢骨结构的扶手简洁、大方。【设计和施工：COM-HAUS】

此处自己动手

木制台

厨房、钢琴室、儿童房、卫生间、卧室门的涂饰

二层地板打蜡

此处自己动手

餐具等物品收纳于收纳柜中，收纳门采用的是不含涂料的椴木三合板，然后用黑板漆和磁性漆涂饰而成，华丽变身成可爱的留言板。

此处自己动手

客厅和钢琴室之间的门用的是橄榄色油漆，晾干后的颜色十分自然。

此处自己动手

卫生间位于二层，在玄关处设置了一个洗手台。小小的装饰置物架是Y先生的作品，用来放置心爱的物品，Y太太对此非常满意。

此处自己动手

这里是儿童房，为了配合壁纸上的点状花纹，把拉门漆成了淡蓝色。并且为了降低地板的成本，自己动手给地板涂上天然油。

此处自己动手

与钢琴室门一样，卧室门上涂的也是天然油，不过使用的是灰色的天然油，颜色非常有感觉。此外，地板上的油也是自己动手涂的。

此处自己动手

在网上找的设计图，然后由Y先生花了一周时间建造而成。木制台使用的是非常耐用的热美樟，地基采用的是柏树。

DIY 体验谈

Q. 你觉得DIY有哪些好的地方？

通过DIY节省成本固然重要，更有意义之处还在于：通过自己的努力，把空无一物的家打造得色彩斑斓时所获得的那份成就感。

Q. 有哪些艰辛和困难出乎你的意料？

建造木制台用的木材运到家里的时候是个休息日，但是很不凑巧，我老公上班去了。刚好我家附近有一户人家正在上梁，不得已，请木匠师傅帮忙才把木材搬到了院子里。

Q. 有没有降低成本？

虽然省了人工费，但是另一方面板料费和购买工具的费用也不少。最后，这个地方省点那个地方花点，这样加加减减之后基本上持平。

Q. 有哪些建议？

当然，一方面确实是出于控制成本的目的，所以采用了DIY。另一方面也是想着通过自己的双手把家里装扮得精彩、美丽，住在这样的家里幸福感爆棚。

上图/最费劲的是木制台的建造。下图/在竣工的木制台上惬意休息的瞬间。

图书在版编目(CIP)数据

图解住宅设计材料应用 / 日本主妇之友社编；杜慧鑫，孙振兴译.－武汉：华中科技大学
出版社，2020.10
ISBN 978-7-5680-5746-2

Ⅰ.①图… Ⅱ.①日… ②杜… ③孙… Ⅲ.①住宅－室内装饰设计－图解 Ⅳ.①TU241-64

中国版本图书馆CIP数据核字(2020)第167148号

素材と仕上げのすべてがわかる本
© Shufunotomo Co.,Ltd.2017
Originally published in Japan by Shufunotomo Co., Ltd.
Translation rights arranged with Shufunotomo Co., Ltd.
through CREEK & RIVER Co., Ltd. and CREEK & RIVER SHANGHAI Co., Ltd.

简体中文版由 Shufunotomo Co., Ltd 授权华中科技大学出版社有限责任公司在中华人民共和国
(不含香港、澳门地区)出版、发行。
湖北省版权局著作权合同登记 图字：17-2020-158 号

图解住宅设计材料应用
Tujie Zhuzhai Sheji Cailiao Yingyong

[日] 主妇之友社　编
杜慧鑫　孙振兴　译

出版发行：华中科技大学出版社（中国·武汉）	电话：（027）81321913
武汉市东湖新技术开发区华工科技园	邮编：430223

责任编辑：简晓思	责任监印：朱　玢
责任校对：曾　婷	美术编辑：张　靖

印　　刷：武汉市金港彩印有限公司
开　　本：787mm×1092mm　1/16
印　　张：12
字　　数：378千字
版　　次：2020年10月第1版第1次印刷
定　　价：78.00元